Aditi Datta
Debashis Pal
Biswajit Datta

ANÁLISE DA ESTABILIDADE DE VÁRIAS MÁQUINAS UTILIZANDO A DINÂMICA DE OSCILAÇÃO

Aditi Datta
Debashis Pal
Biswajit Datta

ANÁLISE DA ESTABILIDADE DE VÁRIAS MÁQUINAS UTILIZANDO A DINÂMICA DE OSCILAÇÃO

ScienciaScripts

Imprint

Any brand names and product names mentioned in this book are subject to trademark, brand or patent protection and are trademarks or registered trademarks of their respective holders. The use of brand names, product names, common names, trade names, product descriptions etc. even without a particular marking in this work is in no way to be construed to mean that such names may be regarded as unrestricted in respect of trademark and brand protection legislation and could thus be used by anyone.

Cover image: www.ingimage.com

This book is a translation from the original published under ISBN 978-620-8-01082-9.

Publisher:
Sciencia Scripts
is a trademark of
Dodo Books Indian Ocean Ltd. and OmniScriptum S.R.L publishing group

120 High Road, East Finchley, London, N2 9ED, United Kingdom
Str. Armeneasca 28/1, office 1, Chisinau MD-2012, Republic of Moldova, Europe
Printed at: see last page
ISBN: 978-620-8-12034-4

ÍNDICE

RESUMO

A equação de oscilação é essencial para modelar e analisar a dinâmica do sistema de energia, depois de ter sido perturbada. Dois tipos de estabilidade, ou seja, a estabilidade da tensão e a estabilidade do ângulo de potência, são considerados vitais para o estudo da estabilidade do sistema elétrico. A estabilidade do ângulo de potência está a ser considerada como um assunto de interesse neste trabalho. A estabilidade do ângulo de potência pode ser medida através da análise da dinâmica da equação de oscilação. A existência de caos na equação de oscilação é um facto estabelecido no sistema de energia. O caos pode levar o ângulo de potência do sistema à instabilidade, uma vez que o caos é um aspeto fundamental de um sistema dinâmico não linear. A instabilidade pode também resultar numa paragem total do sistema. Este trabalho apresenta uma nova abordagem para a análise da estabilidade de um sistema multi-máquinas utilizando a curva de oscilação derivada da equação. O método proposto fornece técnicas avançadas para detetar instabilidade no sistema de energia usando a dinâmica de oscilação e analisar o seu impacto na estabilidade. Reduz as alterações qualitativas nos sistemas dinâmicos quando os parâmetros variam, levando a mudanças na estabilidade e ao aparecimento de novos estados. A estabilidade e a segurança dos sistemas de energia são cruciais para garantir o fornecimento fiável de eletricidade aos consumidores. A estabilidade do ângulo do rotor é a capacidade de as máquinas síncronas interligadas que funcionam no sistema de energia permanecerem no estado de sincronismo e, neste trabalho, é mantida utilizando a dinâmica de oscilação.

Palavras chave: Equação de oscilação, Estabilidade do ângulo de potência, Sistema multi-máquina.

CAPÍTULO - 1
INTRODUÇÃO

1.1 Análise da estabilidade do sistema elétrico

Os sistemas de energia, que abastecem casas, empresas e organizações com eletricidade, são a base da sociedade contemporânea. Os sistemas de energia devem funcionar de forma estável e fiável para manter a segurança pública, a atividade económica e a qualidade de vida. Os sistemas eléctricos, por outro lado, são intrinsecamente complicados devido às suas redes interligadas de transformadores, cargas, geradores e linhas de transmissão. Numerosos fenómenos, incluindo flutuações de tensão, desvios de frequência e instabilidade transitória, podem resultar das interações dinâmicas entre estes componentes e comprometer seriamente a resiliência e a fiabilidade do sistema.

Recentemente, a dinâmica dos sistemas de energia tornou-se ainda mais complexa devido à expansão da utilização de fontes de energia renováveis, como a energia solar e eólica. No entanto, as fontes de energia renováveis, ao contrário dos geradores síncronos tradicionais, têm uma produção variável e intermitente, o que aumenta a incerteza e a imprevisibilidade do funcionamento do sistema. A integração de recursos energéticos distribuídos, de tecnologias de armazenamento de energia e de programas de resposta à procura constitui um desafio adicional para a estabilidade e o controlo da rede.

Para enfrentar estes obstáculos e garantir o funcionamento estável e seguro dos sistemas eléctricos, é necessário efetuar uma análise rigorosa da estabilidade. O processo de análise da estabilidade implica a avaliação da capacidade de um sistema elétrico para manter a estabilidade da tensão e o funcionamento síncrono após alterações como falhas, variações súbitas da carga ou perda de produção. Os operadores e planeadores podem criar técnicas de controlo sólidas, melhorar a resistência do sistema e descobrir vulnerabilidades conhecendo o comportamento dinâmico dos sistemas de energia em várias condições de funcionamento.

Em particular, a análise da estabilidade de várias máquinas concentra-se nas interações dinâmicas que ocorrem entre vários geradores síncronos num sistema de energia. Na maioria das centrais eléctricas convencionais, os alternadores, por vezes designados por geradores síncronos, são os principais fornecedores de energia eléctrica. A fim de preservar a estabilidade do sistema e equilibrar a oferta e a procura, estes geradores são sincronizados e ligados através da rede de transporte. O sincronismo entre os geradores pode ser quebrado por eventos como o disparo do gerador, falhas na linha de transmissão ou mudanças abruptas na carga, o que pode resultar em instabilidade temporária e até mesmo em falhas em cascata.

Um modelo matemático essencial para explicar o comportamento dinâmico dos geradores síncronos em sistemas de energia é a equação de oscilação. A equação de oscilação, que se baseia nas equações de movimento de Newton e na conservação de energia, descreve a dinâmica mecânica das massas giratórias dos geradores. Relaciona a inércia do sistema e o binário mecânico líquido aplicado ao rotor com a taxa de variação do ângulo do rotor do gerador. Os investigadores podem imitar a resposta transitória dos geradores a perturbações e avaliar a estabilidade de um sistema através da resolução da equação de oscilação.

Este estudo tem como objetivo utilizar equações de oscilação para fazer a análise de estabilidade de sistemas de energia com várias máquinas. Ao realizar esta investigação, esperamos obter uma melhor compreensão das acções dinâmicas dos geradores interligados, bem como aumentar a resiliência e a estabilidade dos sistemas de energia. A fim de responder a importantes preocupações sobre a estabilidade dos sistemas de energia e ajudar na criação de esquemas de controlo e procedimentos operacionais eficientes, esta investigação integra análise teórica, modelação computacional e aplicações no mundo real.

A capacidade de um sistema elétrico para recuperar o equilíbrio após uma perturbação é conhecida como estabilidade do sistema. Esta é necessária para garantir um fornecimento constante de eletricidade, impedir apagões generalizados e proteger o equipamento contra danos. Existem três tipos diferentes de estabilidade nos sistemas eléctricos. São eles

    i.   Estabilidade em estado estacionário

    ii.   Estabilidade dinâmica

    iii.   Estabilidade transitória

(i) **Estabilidade em estado estacionário**:

Esta estabilidade descreve a reação de uma máquina síncrona a uma carga aplicada de forma constante. O objetivo principal é encontrar a carga máxima da máquina que pode ser aplicada mantendo o sincronismo, desde que a carga seja aumentada gradualmente.

(ii) **Estabilidade dinâmica**:

É a capacidade do sistema para responder a pequenas perturbações que conduzem a oscilações. Diz-se que o sistema é dinamicamente estável quando estas oscilações não continuam a aumentar em amplitude depois de atingirem um determinado ponto e finalmente param. Se estas oscilações continuarem a aumentar de amplitude, o sistema é dinamicamente instável. Este tipo de instabilidade é normalmente causado por uma ligação entre sistemas de controlo.

(iii) **Estabilidade transitória**:

Este fenómeno descreve a forma como as velocidades do rotor, os ângulos de potência e as transferências de potência podem alterar-se significativamente em resposta a perturbações significativas. A estabilidade transitória é um fenómeno breve que se manifesta frequentemente em poucos segundos.

Os casos de oscilação estão a ocorrer com maior frequência e as chamadas ocorrências de colapso de tensão podem servir de sinais de alerta. Como a equação de oscilação é um modelo central para analisar a dinâmica do sistema de energia, no entanto, os efeitos não lineares podem causar caos na equação de oscilação, levando à instabilidade e aos desligamentos do sistema.

A capacidade de um sistema elétrico para manter o equilíbrio operacional em condições normais de funcionamento e para regressar a um nível satisfatório de equilíbrio após uma perturbação é conhecida como estabilidade do sistema elétrico.

1.2 Classificação da Estabilidade em Sistemas de Energia

Para fornecer um abastecimento constante e fiável de eletricidade, os sistemas de energia têm de ser estáveis. A capacidade de um sistema elétrico para retomar um funcionamento regular ou estável após uma interrupção é designada por estabilidade. Dependendo do tipo de perturbação e da reação do sistema, existem várias categorias para a estabilidade do sistema de energia. As principais categorias são

1. Estabilidade do ângulo do rotor
2. Estabilidade da tensão
3. Estabilidade da frequência

   1. **Estabilidade do ângulo do rotor -**

      A capacidade das máquinas síncronas num sistema de energia de manter tudo em sincronismo entre si após uma perturbação é conhecida como Estabilidade do Ângulo do Rotor. A manutenção deste tipo de estabilidade é essencial para o funcionamento coordenado do sistema.

   a) **Estabilidade de pequenos sinais -** A capacidade do sistema elétrico de manter o sincronismo face a pequenas perturbações, como pequenas variações na procura.

b) **Estabilidade transitória** - A capacidade do sistema elétrico para regressar ao sincronismo após uma perturbação significativa, como um curto-circuito, uma falha inesperada do gerador ou uma carga pesada.

2. **Estabilidade da tensão**

A capacidade do sistema elétrico de manter níveis de tensão adequados em cada barramento do sistema, tanto durante o funcionamento normal como após uma perturbação, é conhecida como estabilidade da tensão.

a) **Estabilidade de tensão de pequena perturbação** - a capacidade de manter as tensões constantes face a pequenas variações na produção ou na procura.

b) **Estabilidade da tensão de grande perturbação** - Capacidade de manter os níveis de tensão em níveis razoáveis após perturbações significativas, incluindo a perda inesperada de um gerador ou carga significativa.

3. Estabilidade **da frequência**

A capacidade do sistema elétrico de manter a sua frequência nominal após um desequilíbrio considerável entre a produção e a carga é conhecida como estabilidade da frequência.

a) **Estabilidade da frequência a curto prazo** - Após uma perturbação, a reação rápida do sistema para preservar a frequência envolve tanto a inércia do sistema como os seus principais sistemas de controlo.

b) **Estabilidade de frequência** a **longo prazo** - Capacidade de manter a frequência utilizando métodos de controlo secundários, como o controlo automático da produção, durante um período prolongado após a primeira reação.

1.3 Estabilidade e Caos no Sistema Elétrico

Para que os sistemas de energia continuem a funcionar de forma fiável e contínua, é necessária estabilidade. Trata-se da capacidade do sistema para manter o equilíbrio ou regressar rapidamente a ele após perturbações como variações de carga, produção ou defeitos. Isto inclui três tipos diferentes de estabilidade: a estabilidade transitória, que é a capacidade do sistema para resistir a grandes perturbações, como curto-circuitos ou perdas súbitas de produção; a estabilidade em estado estacionário, que consiste em manter o sistema em equilíbrio em condições normais; e a estabilidade dinâmica, que é a capacidade do sistema para continuar a funcionar ao longo do tempo apesar de pequenas perturbações, tendo em conta as acções de controlo e a dinâmica intrínseca do sistema. A distribuição fiável de energia aos consumidores é assegurada por sistemas de energia estáveis, que mantêm a consistência da frequência, níveis de tensão aceitáveis e sincronização de todos os geradores[1,5].

Em contrapartida, o caos nos sistemas de energia é uma condição de desordem que pode surgir das interações não lineares e dos constituintes do sistema e é caracterizado por um comportamento imprevisível e irregular. Devido ao facto de as redes eléctricas estarem tão intrinsecamente ligadas, mesmo pequenas perturbações podem causar alterações grandes e imprevisíveis. Estas perturbações podem ser amplificadas por interações não lineares entre os componentes do sistema, como os comportamentos das cargas e as caraterísticas dos geradores. O comportamento caótico pode também ser agravado por topologias de rede complexas e pela eventual avaria dos sistemas de controlo. O caos no sistema elétrico pode ter repercussões graves, como apagões extensos, danos no equipamento e riscos para a segurança. O comportamento imprevisível agrava o desafio de assegurar um fornecimento de energia consistente, tornando difícil antecipar e controlar a reação do sistema.

A monitorização em tempo real, as técnicas de controlo sofisticadas e a conceção rigorosa do sistema são necessárias para gerir a estabilidade e reduzir o caos. A redundância e os sistemas à prova de falhas são incorporados em projectos de sistemas robustos para gerir perturbações imprevistas. Técnicas de controlo de ponta garantem que o sistema pode reagir rapidamente a circunstâncias variáveis, e a monitorização em tempo real permite identificar precocemente eventuais problemas e tomar medidas corretivas imediatas. Por conseguinte, a manutenção da resiliência e da fiabilidade dos sistemas eléctricos contemporâneos - que são essenciais para sustentar a vida quotidiana e a atividade económica - exige um equilíbrio entre a manutenção da estabilidade e a gestão do caos.

1.4 Factores que afectam a estabilidade

A estabilidade de um sistema de energia multi-máquinas tem sido afetada por vários elementos:

i. **Constantes** de **inércia**: - Ao evitar alterações bruscas no ângulo do rotor, as constantes de inércia mais elevadas melhoram a estabilidade.

ii. Amortecimento: - Um amortecimento suficiente minimiza as oscilações e facilita o restabelecimento do equilíbrio do sistema.

iii. **Configuração do sistema**: - O fluxo de energia e a estabilidade são afectados pela topologia e pelas ligações da rede.

iv. **Sistemas de controlo**: - A melhoria da estabilidade depende principalmente dos sistemas reguladores, dos estabilizadores do sistema elétrico (PSS) e dos reguladores automáticos de tensão (AVRs).

v. **Caraterísticas das cargas**: - O comportamento dinâmico do sistema é afetado pelo tipo de cargas (potência constante, impedância constante, etc.).

1.5 Análise da bifurcação da equação de balanço

Um método matemático para examinar a estabilidade e o comportamento dinâmico de um sistema elétrico em várias circunstâncias é a análise de bifurcação da equação de oscilação. A equação de oscilação tem em conta o equilíbrio entre a entrada e saída de energia mecânica e eléctrica ao descrever a dinâmica de rotação de máquinas síncronas, ou geradores, num sistema de energia. Para a expressar, é utilizada uma equação para um diferencial não linear de segunda ordem. Quando os parâmetros, como os níveis de carga, os coeficientes de amortecimento ou a inércia do sistema, flutuam, a análise de bifurcação pode ser utilizada para identificar os pontos cruciais em que o comportamento do sistema se altera fundamentalmente.

As bifurcações podem indicar oscilações ou a mudança de um comportamento estável para um comportamento instável no contexto da equação de oscilação. As bifurcações de Hopf, em que um ponto de equilíbrio estável perde a estabilidade e dá origem a oscilações sustentadas, as bifurcações de ciclo limite, em que surgem soluções periódicas, e as bifurcações de nó de sela, em que pontos de equilíbrio estáveis e instáveis se fundem e aniquilam mutuamente, causando uma instabilidade súbita do sistema, são tipos comuns de bifurcações analisadas.

Para acompanhar as alterações na estabilidade do sistema e nos pontos de equilíbrio, a análise das bifurcações implica a alteração dos parâmetros do sistema e a resolução da equação de oscilação. Os diagramas de bifurcação e os métodos de continuação são dois exemplos de ferramentas de software e abordagens numéricas que são frequentemente utilizadas. Ao ilustrarem as áreas do espaço de parâmetros onde ocorrem vários comportamentos dinâmicos, estas ferramentas oferecem informações importantes sobre os limiares essenciais e a robustez do sistema[2,3,13,14].

É essencial compreender as bifurcações de equações de balanço para avaliar e construir sistemas de energia com estabilidade. Ajuda na previsão de cenários de instabilidade prováveis e no desenvolvimento de planos de mitigação por parte dos engenheiros, tais como a alteração dos parâmetros de controlo, a melhoria do amortecimento do sistema ou o reforço das ligações da rede. Os operadores de sistemas de energia podem certificar-se de que o sistema se mantém estável sob uma variedade de condições de funcionamento, localizando e avaliando os pontos de bifurcação, o que melhora a resiliência e a fiabilidade da rede eléctrica[7,8,9,10].

1.6 Tipos de <u>bifurcação</u>

Os tipos de Bifurcação são: -

i. **Bifurcação Sela - Nó** - Ocorre quando um parâmetro muda, fazendo com que dois pontos de equilíbrio se encontrem e se aniquilem.

ii. **Bifurcação de Hopf** - Uma solução periódica de pequena amplitude desenvolve-se quando um ponto de equilíbrio estável se torna instável.

iii. **Bifurcação Período - Duplicação** - Quando uma solução periódica sofre uma modificação, é criada uma nova solução periódica com o dobro do período original.

iv. **Bifurcação de ciclo** limite - Uma solução periódica, por vezes conhecida como ciclo limite, surge a partir de um ponto de equilíbrio estável.

1.7 Técnicas para aumentar a estabilidade

São utilizados vários métodos para aumentar a estabilidade dos sistemas de energia multi-máquinas:

i. **Eliminação rápida de falhas**: - A redução da duração da falha diminui a instabilidade que ela causa.

ii. **Compensação em série e em derivação**: - Sistemas como os sistemas flexíveis de transmissão de corrente alternada controlam o fluxo de energia e a tensão.

iii. **Condensadores síncronos**: - Os dispositivos que melhoram a estabilidade da tensão e suportam a potência reactiva.

iv. **Estabilizadores do sistema de energia (PSS)**: - Dispositivos que ajustam a excitação do gerador para adicionar amortecimento ao sistema.

1.8 Desafios da estabilidade em sistemas HVDC

Os sistemas de corrente contínua de alta tensão (HVDC) enfrentam problemas significativos de estabilidade, que são essenciais para a transferência eficiente de energia através de grandes distâncias. Os sistemas HVDC precisam de manter níveis de tensão constantes apesar das variações de carga e de alimentação, pelo que a estabilidade da tensão é crucial. Níveis de tensão instáveis podem resultar em falhas no sistema. Outra questão crucial é a estabilidade das estações de conversão, que são necessárias para a conversão CA-CC, mas que também podem causar instabilidade no sistema devido a problemas de controlo, incluindo desequilíbrios de potência reactiva e distorções harmónicas.

Surgem mais problemas de estabilidade quando os sistemas HVDC são integrados nas redes CA actuais. Como a CCAT tem uma ação rápida e pode causar modos oscilatórios em sistemas CA de reação mais lenta, as oscilações de potência e as instabilidades de frequência são um problema quando se coordenam ligações CCAT com redes CA. Para identificar e isolar rapidamente os erros, são necessários sistemas de proteção robustos, mas a criação desses sistemas é uma tarefa técnica difícil.

As influências ambientais, como relâmpagos e perturbações geomagnéticas, podem resultar em falhas abruptas ou sobretensões que os sistemas HVDC têm de suportar sem sofrerem grandes perturbações. Além disso, como os componentes envelhecidos podem ter um desempenho pior, a manutenção e o envelhecimento da infraestrutura HVDC, como cabos e conversores, podem ter um impacto na estabilidade do sistema. Para ultrapassar estes obstáculos e garantir o funcionamento fiável dos sistemas CCAT, são cruciais melhorias de conceção robustas, monitorização em tempo real e procedimentos de controlo avançados[8].

1.9 Efeito dos sistemas HVDC na estabilidade multi-máquinas

Ao controlar com precisão o fluxo de energia e ao adaptar-se rapidamente às mudanças, os sistemas de corrente contínua de alta tensão (HVDC) melhoram a estabilidade de várias máquinas nas redes eléctricas, reduzindo as oscilações de energia e aumentando a fiabilidade. Facilitam a incorporação de fontes de energia renováveis, o que permite equilibrar com êxito a oferta e a procura. No entanto, o rápido tempo de reação do HVDC pode resultar em interações dinâmicas com equipamentos AC que reagem mais lentamente, o que pode levar a problemas de estabilidade. Para reduzir estes riscos, é essencial uma coordenação eficaz e técnicas de controlo sofisticadas. Quando corretamente integrados e mantidos, os sistemas CCAT aumentam consideravelmente a estabilidade e a durabilidade das redes multimáquinas.

1.10 Dispositivos FACTS utilizados para melhorar a estabilidade

Os dispositivos dos FACTS, ou sistemas flexíveis de transmissão de corrente alternada, são essenciais para aumentar a estabilidade da rede eléctrica. Estes dispositivos, que melhoram a qualidade da energia e oferecem uma gestão dinâmica da tensão, incluem os Controladores Unificados de Fluxo de Potência (UPFC), os Compensadores Síncronos Estáticos (STATCOM) e os Compensadores Estáticos de Var (SVC). A energia reactiva é gerida pelos STATCOM e SVC, que também mantêm os níveis de tensão e reduzem as flutuações de energia. Ao proporcionar um controlo completo da tensão, da impedância e do ângulo de fase, o UPFC melhora a flexibilidade da rede e a otimização do fluxo de potência.

A fim de integrar as fontes de energia renováveis, os dispositivos FACTS reduzem as oscilações de energia e a instabilidade da tensão. Também aumentam a capacidade das actuais linhas de transmissão, eliminando a necessidade de novas infra-estruturas. Os dispositivos FACTS aumentam a eficiência e a fiabilidade da transmissão de energia, respondendo prontamente a perturbações e flutuações. São uma parte essencial dos sistemas eléctricos modernos porque podem controlar o fluxo de energia em tempo real, mantendo a estabilidade face ao aumento da procura[15].

1.11 Efeito do funcionamento do mercado na estabilidade do sistema elétrico

As operações de mercado têm um impacto significativo na estabilidade do sistema elétrico, influenciando o despacho da produção, os padrões de carga e a fiabilidade da rede. Os mercados competitivos de eletricidade incentivam a eficiência económica, mas podem levar a fluxos de energia flutuantes e a uma procura imprevisível. As decisões orientadas para o mercado podem dar prioridade ao custo em detrimento da estabilidade, o que pode causar tensões na rede. No entanto, os mecanismos de mercado, como a resposta à procura e os serviços auxiliares, podem aumentar a estabilidade, fornecendo recursos flexíveis que respondem às condições da rede. É crucial uma conceção adequada do mercado, que integre considerações de estabilidade com objectivos económicos. Uma coordenação eficaz entre os operadores do mercado e os operadores da rede garante que as actividades económicas apoiam, em vez de comprometerem, a estabilidade e a fiabilidade globais do sistema elétrico[1,2,3,5,14,16].

1.12 Efeitos da estabilidade dos veículos eléctricos nos sistemas de energia

A integração de veículos eléctricos (VE) tem um grande impacto na estabilidade da rede eléctrica. O aumento da procura resultante da adoção de VE pode exercer pressão sobre a capacidade da rede, resultando possivelmente em oscilações de tensão e picos de carga mais elevados. O carregamento simultâneo de muitos VEs sem supervisão pode sobrecarregar as redes de distribuição locais e afetar a qualidade da energia. No entanto, graças às tecnologias "vehicle-to-grid" (V2G), que permitem que os veículos eléctricos descarreguem a energia armazenada na rede durante os períodos de elevada procura, estes veículos podem também apresentar potencial para a estabilidade da rede. Desta forma, os VEs podem funcionar como recursos energéticos distribuídos. A fim de reduzir a instabilidade potencial e utilizar os VEs para melhorar a resiliência da rede, é essencial controlar os padrões de carregamento dos VEs

e integrar V2G[22,23,24].

CAPÍTULO - 2
REVISÃO DA LITERATURA

O artigo [1] aborda a revisão crítica da análise de bifurcação, discutindo o princípio da análise de bifurcação. Para a análise de bifurcações, seleciona-se um modelo de sistema de energia bem conhecido e um modelo de carga adequado que capte o comportamento físico de um elemento. As muitas técnicas analíticas ajudam na resolução de problemas do sistema elétrico. A utilização de FACTS para evitar bifurcações cruciais é outro tópico abordado pelos autores.

O trabalho [2] aborda que a Bifurcação é a mudança qualitativa na dinâmica que acontece quando um parâmetro do sistema é alterado. Este trabalho tem como objetivo analisar uma representação perfeita do diagrama de bifurcação do conversor de potência regulado em modo corrente. Podemos caraterizar o padrão do diagrama de bifurcação - que dá origem ao padrão complexo - utilizando relações algébricas.

O artigo [3] trata do modelo dinâmico do motor síncrono, que se assemelha a um sistema do tipo Lienard em sua estrutura. As flutuações da rede nos pontos de equilíbrio que ela deve atingir para ter estabilidade assintótica ou espiral são representadas pela bifurcação de Hopf.

O artigo [4] aborda o estudo exaustivo da bifurcação de modelos de sistemas de energia, examinando a forma como vários factores de controlo e restrições afectam a bifurcação e a consequente estabilidade do sistema. Além disso, centra-se nas aplicações úteis da teoria da bifurcação e no modo como a sua estabilidade afecta demonstrações realistas de sistemas de energia.

O artigo [5] aborda as técnicas de análise, as estratégias de modelização e uma lista de tipos de bifurcações típicas da eletrónica de potência.

O artigo [6] aborda a estabilidade da tensão, cuja avaliação de bifurcação do sistema de potência parece ser exacta. Este trabalho demonstra uma análise exaustiva da bifurcação do sistema de potência, que é normalmente expressa como um sistema de equações em álgebra diferencial. Adicionalmente, demonstra como traduzir a sua singularidade particular em abordagens de matrizes com fronteiras e estender as técnicas para sistemas DAE.

O artigo [7] aborda um controlador projetado e criado com UPFC para gerir as separações de ressonância síncrona em sistemas de energia multi-máquinas. O UPFC é considerado para gerir a tensão do barramento, bem como os fluxos de eletricidade nas linhas de transmissão CA, tanto reactivos como activos.

O artigo [8] aborda o impacto do controlador que controla o ganho de um Condensador Série Controlado por Tiristores (TCSC) na bifurcação da ressonância sub-síncrona de um sistema de potência de barramento infinito para uma única máquina em dois cenários: um em que o funcionamento dos enrolamentos amortecedores do gerador é tido em conta, e outro em que não é.

O artigo [9] aborda a extensão de um melhor modelo de ordem fraccionada das alternativas duais ao paradigma clássico de ordem inteira para o controlo de congestionamento, resultante de um modelo inter-ordens atrasado. Exigimos o teorema da estabilidade selecionando a latência de transmissão de modo a obter estabilidade e bifurcação.

O artigo [10] aborda um modelo de um sistema elétrico que apresenta o comportamento estático e dinâmico da bifurcação. Demonstra também o comportamento imprevisível que resulta da duplicação do período. Devido à necessidade de potência reactiva atingir os limites operacionais em estado estacionário do sistema, ocorre o colapso de tensão. Adicionalmente, aborda alguma terminologia relacionada com bifurcações e oferece inúmeras opções para fenómenos dinâmicos locais.

O artigo [11] aborda a bifurcação na ressonância sub-síncrona e uma bifurcação de Hopf e o caos são controlados utilizando controladores lineares e não lineares. Incluem-se um estabilizador do sistema de potência, um regulador automático de tensão e um enrolamento amortecedor.

CAPÍTULO - 3
Objetivo da investigação

O objetivo da investigação é utilizar equações de oscilação para estudar a estabilidade multi-máquinas em sistemas de energia. Isto implica a avaliação do comportamento dinâmico das cargas, das linhas de transmissão e dos geradores ligados, a fim de garantir a estabilidade do sistema face a uma variedade de perturbações e situações. Através da utilização de equações de oscilação, que simulam a dinâmica mecânica do gerador síncrono, os cientistas esperam prever como o sistema reagirá a determinadas ocorrências, incluindo falhas e variações de carga. Compreender a estabilidade de várias máquinas é essencial para evitar apagões e melhorar o desempenho da rede, particularmente com a crescente incorporação de fontes de energia sustentáveis. O objetivo da investigação é melhorar a resiliência e a fiabilidade dos sistemas de energia através de uma modelização e análise sofisticadas, o que, em última análise, contribuirá para a produção, distribuição e transmissão eficientes e sustentáveis de eletricidade.

3.1 Âmbito do presente estudo

Um estudo sobre a análise de estabilidade multimáquina baseada em equações de oscilação para sistemas de energia abrange uma série de áreas importantes, que contribuem para uma compreensão completa da resiliência e da dinâmica do sistema. Em primeiro lugar, o documento explora teoricamente, aprofundando as ideias subjacentes à estabilidade dos sistemas de energia. Isto envolve a análise da formulação matemática das equações de oscilação, que explica como os geradores síncronos se comportam dinamicamente em resposta a perturbações. A compreensão destes princípios é crucial para a formulação de modelos precisos e estruturas analíticas para avaliar a estabilidade em muitos cenários operacionais. Em segundo lugar, as abordagens computacionais para a modelação de sistemas de energia multi-máquinas estão incluídas no âmbito. As equações de oscilação podem ser resolvidas numericamente pelos investigadores, permitindo a simulação da estabilidade transitória e das reacções dinâmicas a choques. A complexidade dos sistemas de grande escala é tratada por ferramentas computacionais sofisticadas e plataformas de computação de alto desempenho, permitindo uma análise aprofundada das margens de estabilidade e dos esquemas de controlo. Outra componente crucial da amplitude do estudo é a sua aplicabilidade prática. Os investigadores aplicam abordagens de análise da estabilidade a sistemas de energia reais para detetar pontos fracos, avaliar o efeito da integração de fontes de energia renováveis e determinar o funcionamento dos mecanismos de controlo. A fim de melhorar a resiliência e a fiabilidade da rede, os operadores e planeadores podem tomar decisões mais informadas utilizando estudos de casos e estudos de simulação, que oferecem uma visão do comportamento do sistema em várias condições. Os pontos de vista multidisciplinares têm uma grande influência na dimensão do estudo. A cooperação entre domínios como a matemática aplicada, a teoria do controlo e a engenharia eléctrica acrescenta uma variedade de perspectivas e técnicas à investigação. Além disso, a tomada em consideração dos aspectos sociotécnicos, das consequências políticas e das limitações financeiras garante que os resultados da investigação sejam aplicáveis e úteis em contextos práticos. O documento conclui examinando os próximos avanços e novas linhas de investigação na análise da estabilidade de várias máquinas. Isto implica a análise de novas técnicas de modelização, a utilização de esquemas de controlo de ponta e a abordagem de questões recentemente descobertas, como os efeitos das alterações climáticas e os riscos de cibersegurança. Os investigadores contribuem para o avanço da análise da estabilidade dos sistemas de energia e facilitam a transição para infra-estruturas energéticas mais resilientes e sustentáveis, projectando tendências e desenvolvimentos futuros[26,27,28].

CAPÍTULO - 4
METODOLOGIA

4.1 Equação de oscilação: -

A equação de balanço é o nome da equação que descreve o movimento relativo. A equação diferencial de segunda ordem é não-linear. Ela explica como o rotor de uma máquina síncrona oscila. Podemos verificar a estabilidade transitória do sistema usando a equação de oscilação.

O binário, a velocidade e o fluxo de potência eléctrica e mecânica da máquina síncrona. O binário de enrolamento, de fricção e de perda de ferro são considerados insignificantes. A lei da rotação de Newton, que estabelece que o binário de aceleração líquido é igual ao produto da aceleração angular e do momento de inércia, rege o movimento das máquinas síncronas.

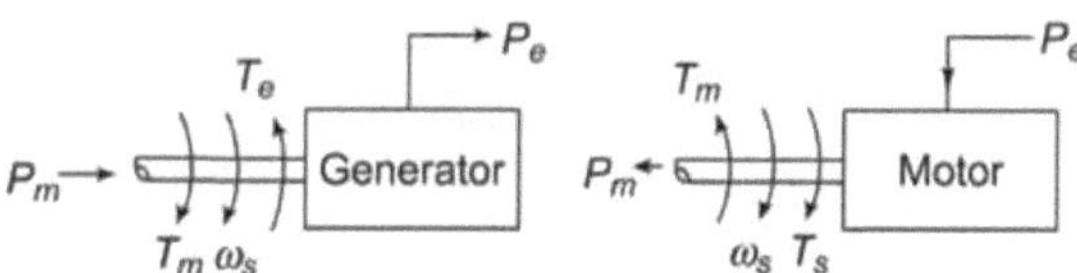

Fig. 4.1 - Fluxo de potências mecânicas e eléctricas numa máquina síncrona

A equação clássica do swing é

$$M \frac{d^2\delta}{dt^2} = P_a = P_m - P_e \tag{1}$$

Onde, $P_a = P_m - P_e$ é a potência de aceleração

P_e = Potência eléctrica de saída em MW

P_m = Potência mecânica de entrada em MW

Modificando a equação (1), podemos escrever

$$\frac{d^2\delta}{dt^2} = \frac{1}{M}(P_m - P_e)$$

$$\frac{d^2\delta}{dt^2} = \frac{1}{M}(P_m - P_{max}\sin\delta) \qquad (2)$$

Onde,

M = Momento Angular, MJ - seg/elect rad ou em sistema por unidade. M pode ser expresso como

$$M = \frac{H}{\pi f} \qquad (3)$$

Da equação (3) podemos escrever

$$\frac{H}{\pi f}\frac{d^2\delta}{dt^2} = P_m - P_e \qquad (4)$$

H representa a constante de inércia

$$P_e = P_{max}\sin\delta$$

Foram,

δ é o ângulo do rotor e P_{max} representa a potência eléctrica máxima

4.2 Equação de oscilação para sistema **multi-máquina**

Num sistema multimáquinas, é importante selecionar uma base comum.

Seja

$$G_{mach} = machine\ base$$

$$G_{system} = system\ base$$

A equação (4) pode ser escrita como

$$\frac{G_{mach}}{G_{system}}\left(\frac{H_{mach}}{f}\frac{d^2\delta}{dt^2}\right) = (P_m - P_e)\frac{G_{mach}}{G_{system}}$$

Ou

$$, \left(\frac{H_{system}}{\pi f}\frac{d^2\delta}{dt^2}\right) = (P_m - P_e) \qquad (5)$$

Onde

$$H_{system} = H_{mach}\left(\frac{G_{mach}}{G_{system}}\right) = \text{constante de inércia da máquina}$$

4.3 Funcionamento coerente

$$\delta_1 = \delta_2$$

$$\delta = \delta_1 + \delta_2$$

$$M_1\frac{d^2\delta_1}{dt^2} = P_{m_1} - P_{e_1} \qquad (1)$$

$$M_2\frac{d^2\delta_2}{dt^2} = P_{m_2} - P_{e_2} \qquad (2)$$

Somando as equações (1) e (2) obtém-se

$$(M_1 + M_2)\frac{d^2\delta}{dt^2} = (P_{m_1} + P_{m_2}) - (P_{e_1} + P_{e_2})$$

$$\uparrow \qquad\qquad \uparrow \qquad\qquad \uparrow$$

$$M_{eq} \qquad\qquad P_{m\ equ\ldots} \qquad P_{e\ equ\ldots}$$

$$M_{eq} = M_1 + M_2$$

$$\frac{G_{eq}H_{eq}}{\pi f} = \frac{G_1H_1}{\pi f} + \frac{G_2H_2}{\pi f}$$

$$H_{eq} = \frac{G_1H_1 + G_2H_2}{G_{equivalent}}$$

4.4 Funcionamento não coerente

$$\delta_1 \neq \delta_2 \qquad\qquad \delta_1 > \delta_2$$

$$M_2(M_1 \frac{d^2\delta_1}{dt^2} = P_{m_1} - P_{e_1}) \qquad\qquad (1)$$

$$M_1(M_2 \frac{d^2\delta_2}{dt^2} = P_{m_2} - P_{e_2}) \qquad\qquad (2)$$

$$M_1 M_2 \frac{d^2}{dt^2}(\delta_1 - \delta_2) = (P_{m_1}M_2 - P_{m_2}M_1) - (P_{e_1}M_2 - P_{e_2}M_1)$$

$$= (P_{m_1}M_2 - P_{m_2}M_1) - (P_{e_1}(M_1 + M_2)$$

$$\frac{M_1 M_2}{M_1 + M_2}\frac{d^2}{dt^2}(\delta_1 - \delta_2) = \frac{P_{m_1}M_2 - P_{m_2}M_1}{M_1 + M_2} - P_{e_1}$$

$$\uparrow \qquad\qquad\qquad\qquad \uparrow$$

$$M_{eq} \qquad\qquad\qquad\qquad P_{m\ equ\dots}$$

$$\frac{G_{eq}H_{eq}}{\pi f} = M_{eq}$$

$$H_{eq} = \frac{M_{eq}.\pi f}{G}$$

CAPÍTULO - 5
Modelo baseado no Simulink da equação de oscilação

5.1 Discussão do modelo

Na sociedade atual, prevê-se que as cargas de energia eléctrica sejam satisfeitas de forma consistente. Um sistema de energia é a infraestrutura utilizada para produzir e fornecer eletricidade aos utilizadores finais. O sistema de energia tem de ser suficientemente resistente para suportar perdas inesperadas de componentes ou curto-circuitos eléctricos, entre outras perturbações abruptas. É de salientar que a maioria das perturbações, incluindo a falha de componentes, não resulta num evento. No caso de uma perturbação, um regulador controla a velocidade de uma máquina para modificar a potência de saída de um gerador com base no estado da rede. Por este motivo, a avaliação da estabilidade transitória é necessária para determinar se o sistema elétrico é estável após uma perturbação. No seu conjunto, os sistemas de energia são constituídos por componentes mecânicos e eléctricos que obedecem às regras de Kirchhoff e à conservação de energia. Estes componentes são combinados para formar a chamada equação de oscilação.

A equação do balanço é uma equação diferencial de segunda ordem, heterogénea, não linear e com múltiplas variáveis. Na maior parte dos casos, são utilizados métodos numéricos para resolver a equação de oscilação. Este método produz os melhores resultados quando se avalia a estabilidade do sistema elétrico.

Esta secção aborda a simulação do software da plataforma Simulink baseada em MATLAB da equação de oscilação, tal como indicado na equação. Os valores da potência eléctrica máxima P_{max} , da potência mecânica de entrada P_m , e do momento angular M, foram constantemente variados ao longo da experiência numérica. A diferença entre P_m e P_e foi obtida através de um bloco de soma e o sinal é passado por um bloco de ganho. Em seguida, o sinal após o bloco de ganho é passado através de um integrador em cascata. Nesta plataforma de simulação, são utilizados quatro tipos de blocos, nomeadamente os blocos de Parâmetro Constante, Soma, Ganho, Integrador, Função de Transferência e Escopo, de acordo com as especificações da equação, para construir o

modelo de equação de balanço no Simulink. Está ilustrado na Fig-5.

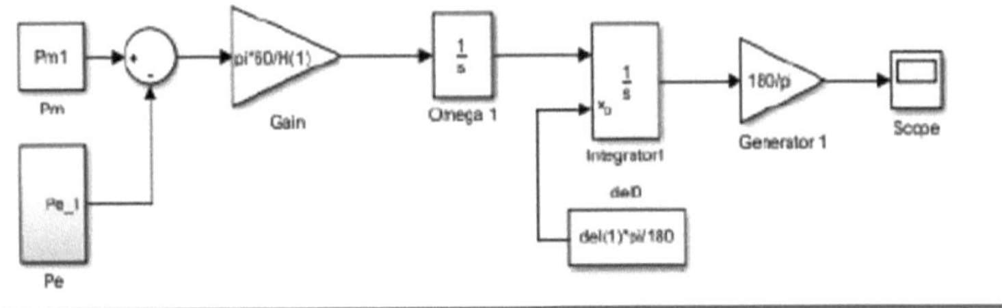

Fig 5: - Modelo de equação de balanço

Nesta secção, descrevemos a simulação de software da equação de oscilação para um sistema simples e multimáquinas na plataforma Simulink baseada em MATLAB. Os valores considerados para a simulação são os seguintes, $H(1) = 0,02$ pu e $del(1) = 100^0$ e $P_m = 0,8$ e $P_e = 1,8$ por 0,8 e 1,8 e, no segundo caso, trocámos os valores de P_m e P_e mantendo H e del constantes. No terceiro caso, considerámos P_m e P_e como 1.

<u>No primeiro caso -</u>

Quando, Pm < Pe

Pm = 0,8 enquanto Pe = 1,8

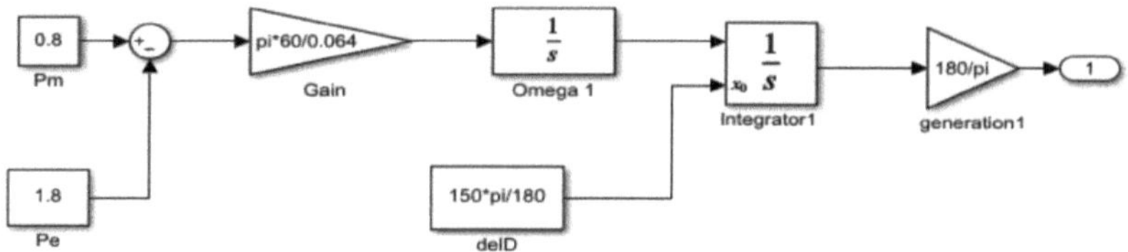

Fig. 5(a) - Modelo da equação de oscilação para Pm < Pe

No segundo caso

Quando, Pm > Pe

Pm = 1,8 enquanto Pe = 0,8

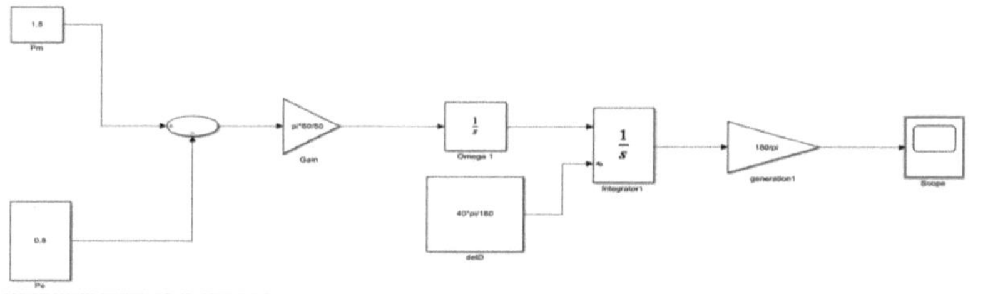

Fig. 5(b) - Modelo da equação de oscilação para Pm > Pe

No terceiro caso -

Quando, Pm = Pe

Pm = 1,0 enquanto Pe = 1,0

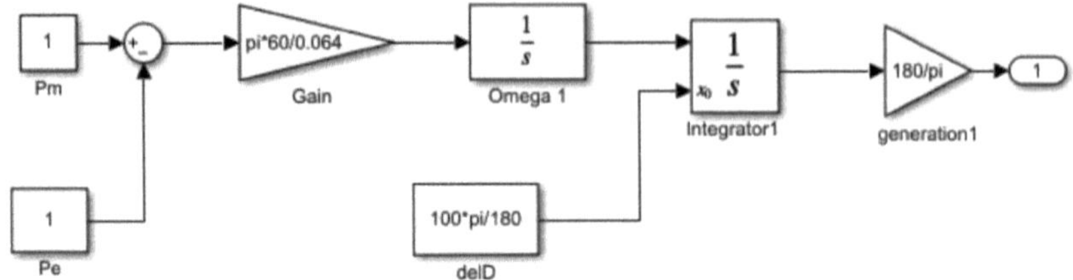

Fig. 5(c) - Modelo da equação de oscilação para Pm = Pe

Na máquina múltipla, criámos três subsistemas para três casos diferentes e ligámo-los a 8 somadores diferentes, respetivamente. Foram efectuadas diferentes combinações com o delta de três subsistemas diferentes para obter o delta resultante, tal como indicado na fig. 5(c).

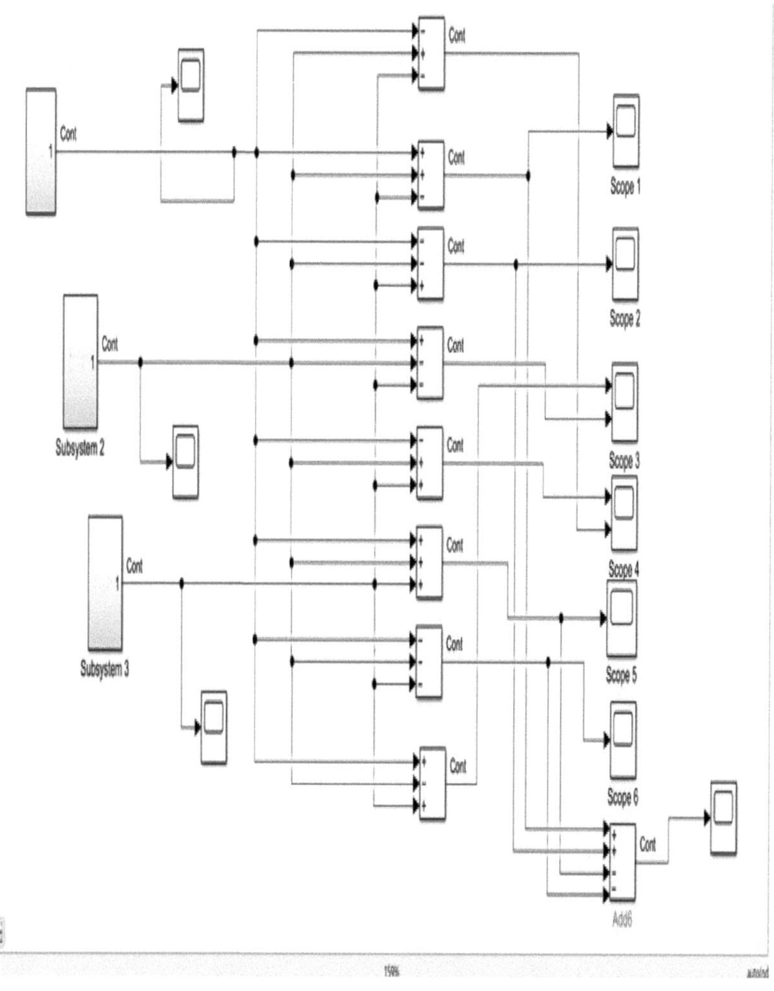

Fig. 5(d) - Combinação ideal com o delta

CAPÍTULO - 6
RESULTADOS E DISCUSSÃO

6.1 Sistema de máquina única -

Os gráficos de saída apresentados abaixo são simulados utilizando o modelo Simulink da equação de oscilação com H=50 MJ . Todos eles representam sistemas de máquina única.

Para o subsistema 1 (Pm < Pe)

Para o Subsistema 1 no sistema de máquina única, o tempo de simulação de 10 segundos está concluído. Desta forma, estamos a simular 50 e 70 segundos. Todas as figuras anexas representam um sistema estável. O sistema desacelera devido à presença de potência de retardamento, ou seja, Pm < Pe. Os valores de Pm e Pe são mantidos como segue Pm = 0,8 enquanto Pe = 1,8.

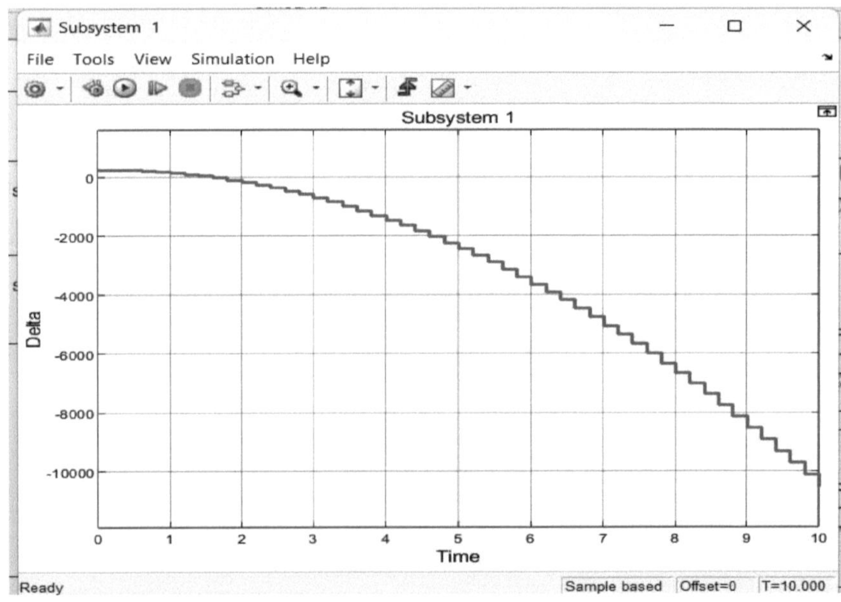

Fig-6.1 (a) (i) Para Tempo de simulação, T = 10 seg

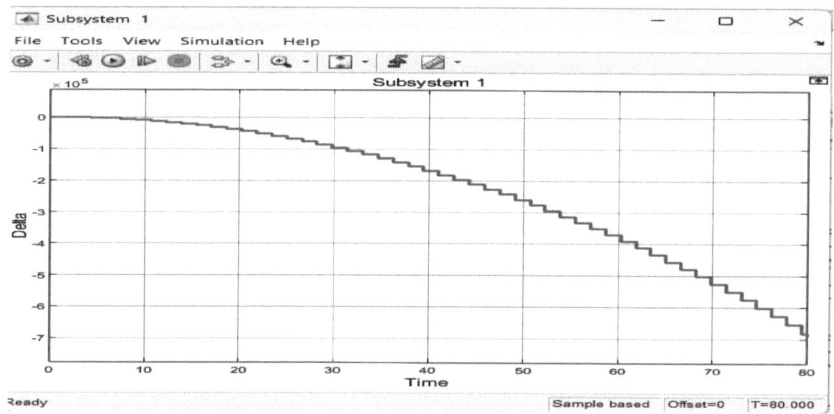

6.1 (a)(ii) Para o tempo de simulação, T = 80 seg

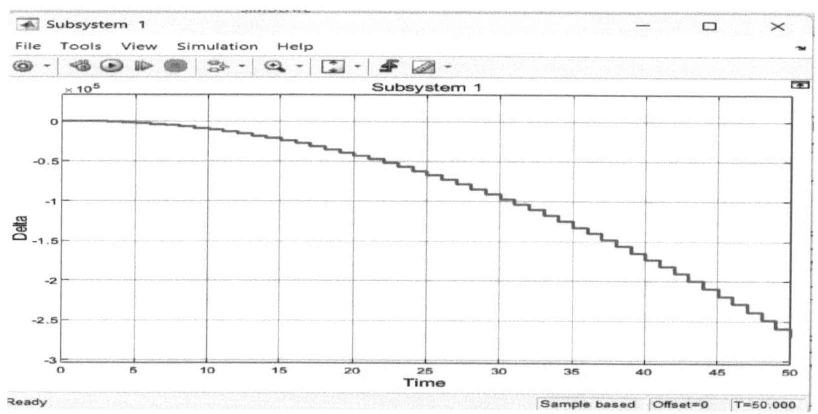

6.1 (b) (iii) Para o tempo de simulação, T = 50 seg

a) **Para o subsistema 2 (Pm > Pe)**

Para o Subsistema 2 no sistema de máquina única, a simulação tempo de 10 segundos está concluída. Desta forma, estamos a simular 50 e 70 segundos. A simulação foi efectuada para Pm = 1,8 e Pe = 0,8. O sistema acelera e diverge em direção à instabilidade devido à presença de uma força de aceleração, ou seja, Pm > Pe. A curva de oscilação com o tempo de simulação é apresentada a seguir. A figura mostrada aqui também revela que o sistema se torna instável devido à força de aceleração.

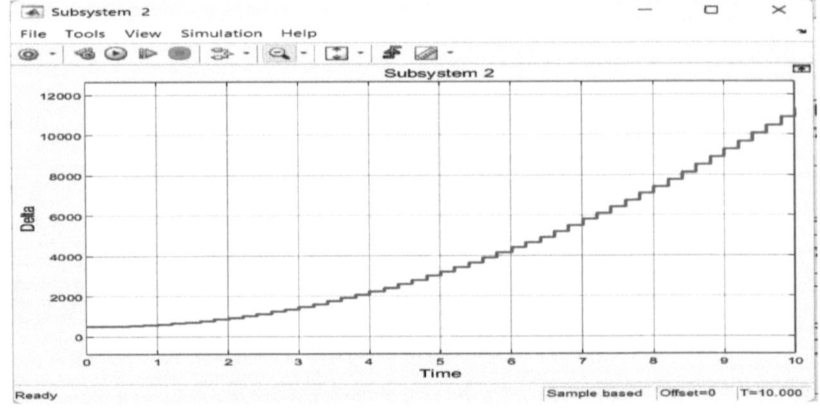

6.1 (b) Para o tempo de simulação, T = 10 seg

b)   Para o subsistema 3 (Pm = Pe)

O subsistema 3 é simulado com Pm = Pe. A experiência foi efectuada com Pm = Pe = 1,0. Os resultados são apresentados a seguir. O delta mantém um valor constante à medida que o sistema acelera ou desacelera. A simulação foi efectuada durante 50 segundos. Delta mantém um valor constante durante toda a simulação.

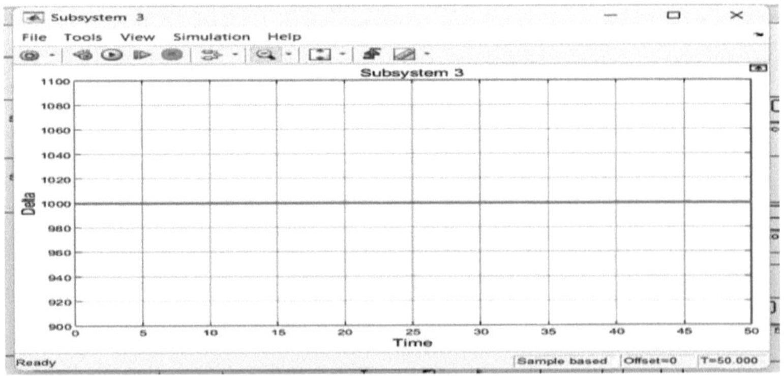

Fig-6.1 (c) Para o tempo de simulação, T = 50 seg

6.2 <u>Simulação do sistema multi-máquinas com Heq = 0,02 pu</u>

Agora, todos os subsistemas são tratados como um sistema coerente de várias máquinas e a experiência numérica foi efectuada com o seguinte valor de H_{eq} equivalente, ou seja, por unidade de constante de inércia

$$[Heq = 0,02 pu]$$

a)   **Para o subsistema 1**

Para o subsistema multi-máquinas 1, o tempo de simulação é considerado 10 segundos e aumenta gradualmente para 50 e 70 segundos com Pm < Pe e Pm = 0,8, Pe = 1,8.

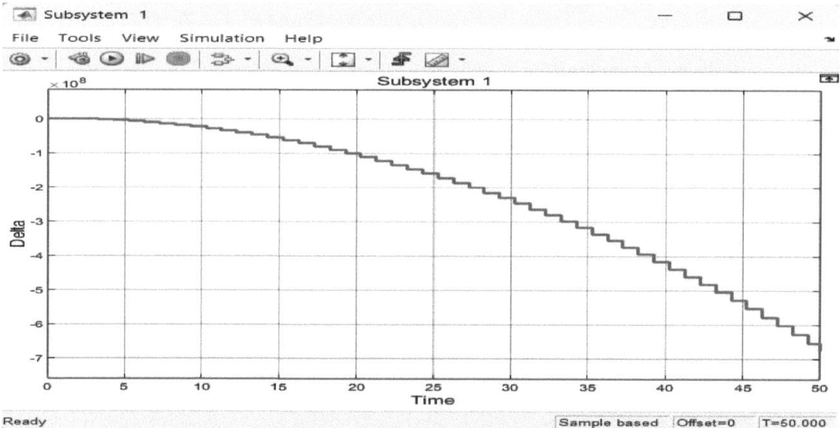

Fig 6.2 (a) Para o tempo de simulação, T = 50 seg

b)   **Para o subsistema 2**

No caso do subsistema2 com várias máquinas, a simulação é concluída em 10 segundos. Desta forma, simulámos o sistema também durante 50 e 70 segundos. com Pm > Pe, ou seja, Pm = 1,8 e Pe = 0,8. As saídas tornam-se instáveis, tal como no sistema de máquina única.

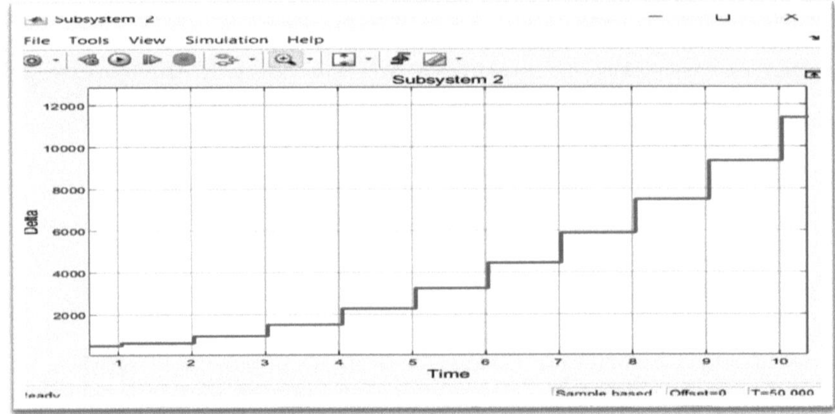

Fig 6.2 (b) Para o tempo de simulação, T = 50 seg

c) **Para o subsistema** 3

Para o subsistema multi-máquinas 3, a simulação é feita com Pm = Pe e os seus valores são considerados como indicado abaixo, a estrutura da saída permanece a mesma que a do subsistema de máquina única-3.

$$Pm = 1,0 \text{ enquanto } Pe = 1,0$$

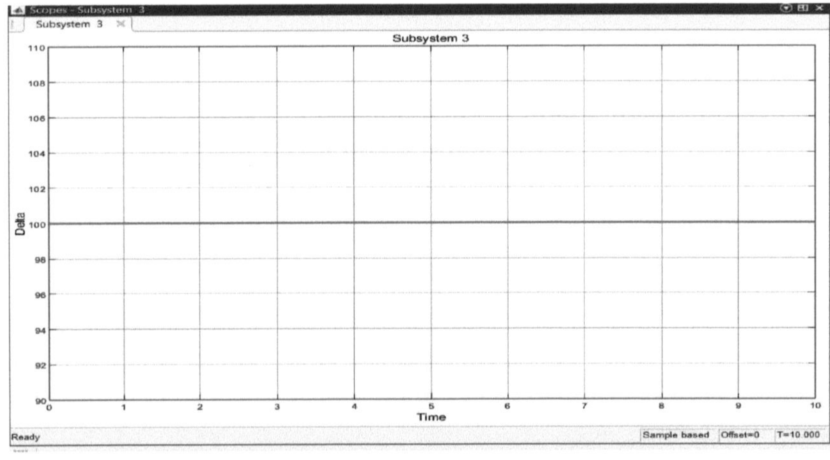

Fig 6.2 (c) Para o tempo de simulação, T = 50 seg

6.3 <u>Simulação de uma máquina múltipla não coerente com H_{eq} =0,02</u>

Até agora, as simulações foram efectuadas para um sistema multi-máquinas de tipo coerente.

Foram efectuadas experiências numéricas para o sistema multi-máquinas de tipo não coerente,

tendo a combinação para o delta do ângulo de potência de saída sido efectuada como indicado

na fig. 5(d). Alguns dos resultados obtidos a partir dos objectivos são apresentados a seguir. As

entradas para os objectivos estão bem ilustradas na figura 5(d). Os valores dos diferentes

parâmetros e variáveis são mantidos iguais aos das simulações anteriores.

c)   **Resultados do âmbito** 3

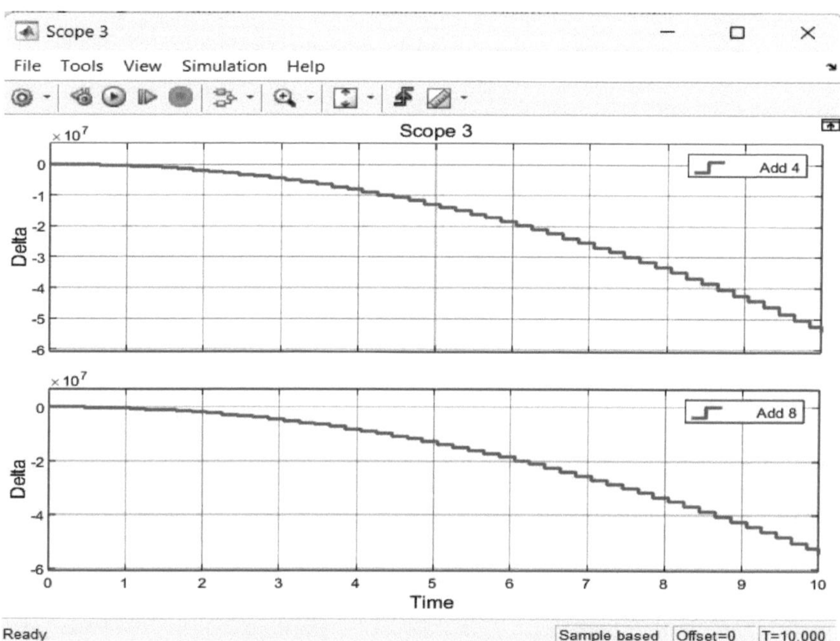

Fig-6.3 (a) Para o tempo de simulação, T = 10 seg

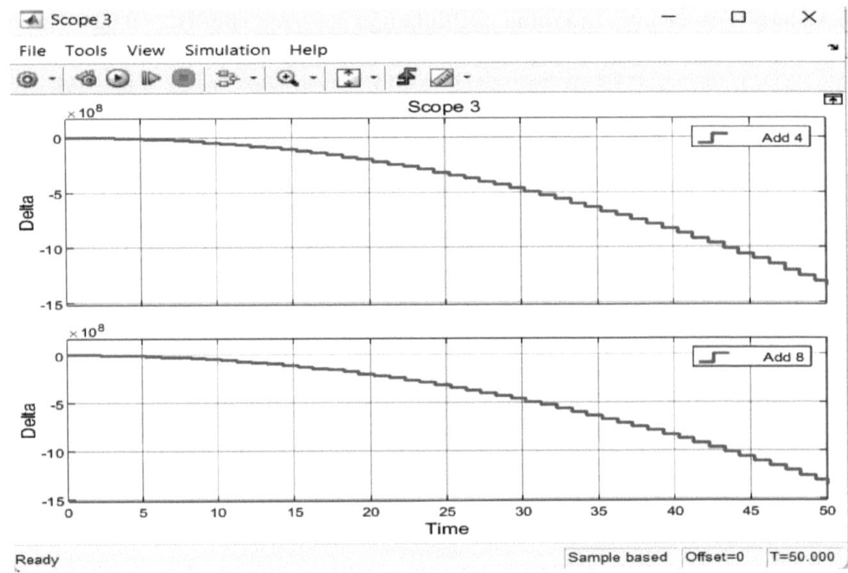

6.3 (b) Para o tempo de simulação, T = 50 seg

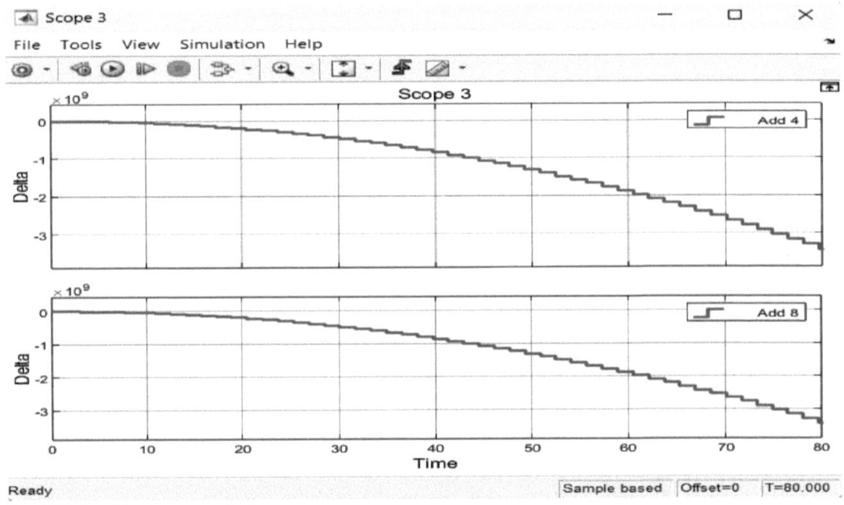

Fig-6.3 (c) Para o tempo de simulação, T = 80 seg

Resultados do âmbito 4

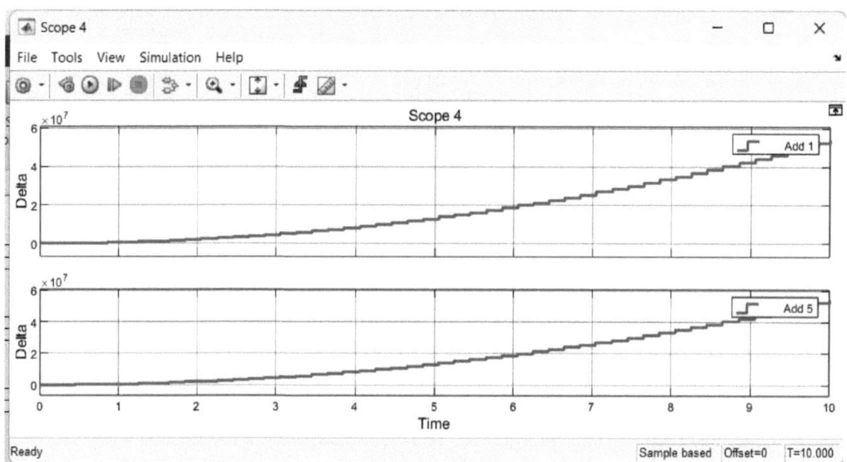

Fig-6.3 (d) Para o tempo de simulação, T = 10 seg

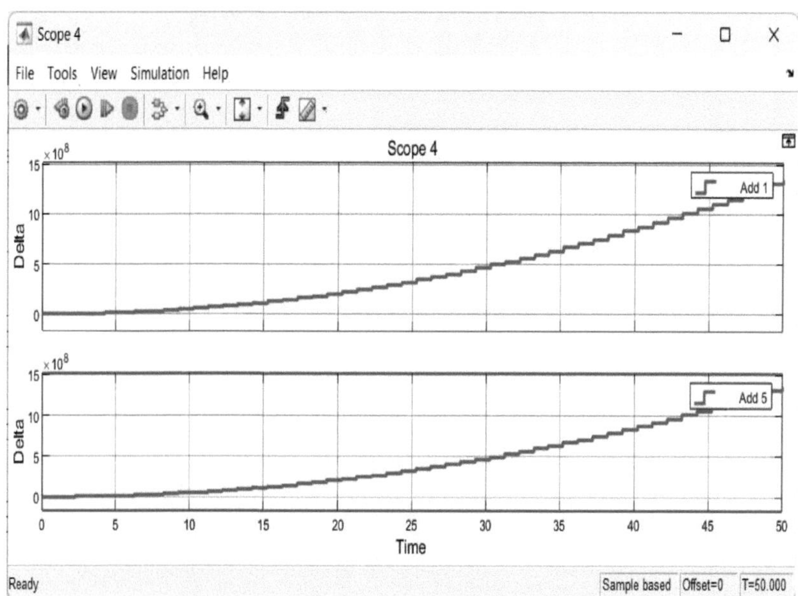

Fig-6.3 (e) Para o tempo de simulação, T = 50 seg

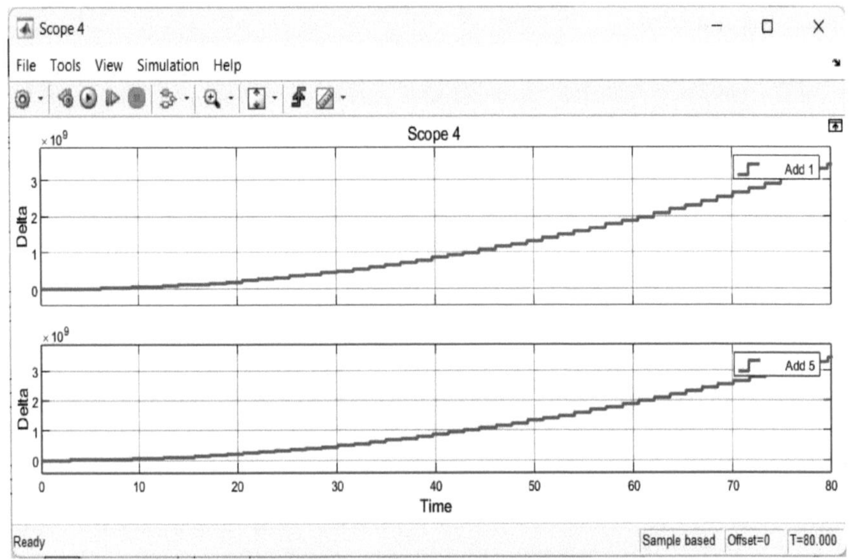

Fig 6.3(f) Para o tempo de simulação, T = 80 seg .

6.4 <u>Simulação para máquina coerente com $H_{eq} = 7,75$</u>

Aqui foi efectuado outro conjunto de experiências numéricas com diferentes valores de $H_{eq}=$ 7.5. As outras condições permanecem as mesmas. Alguns dos resultados das experiências foram anexados abaixo.

a) Para o subsistema 1

Para o subsistema 1 do sistema Coherent Machine, o tempo de simulação de 10 segundos está concluído. Desta forma, estamos a simular 50 e 70 segundos.

Quando, Pm < Pe

Pm = 0,8 enquanto Pe = 1,8

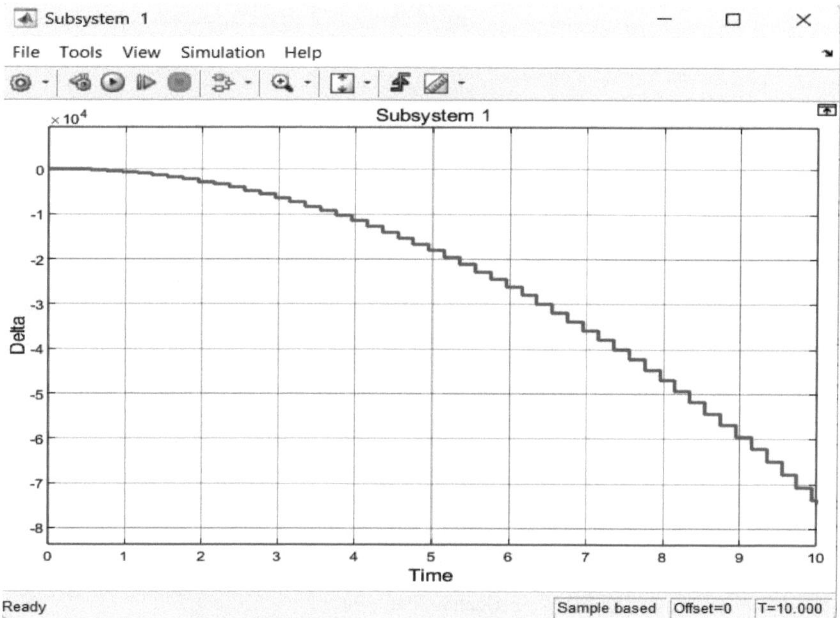

Fig-6.4 (a) (i) Para o tempo de simulação, T = 10 seg

39

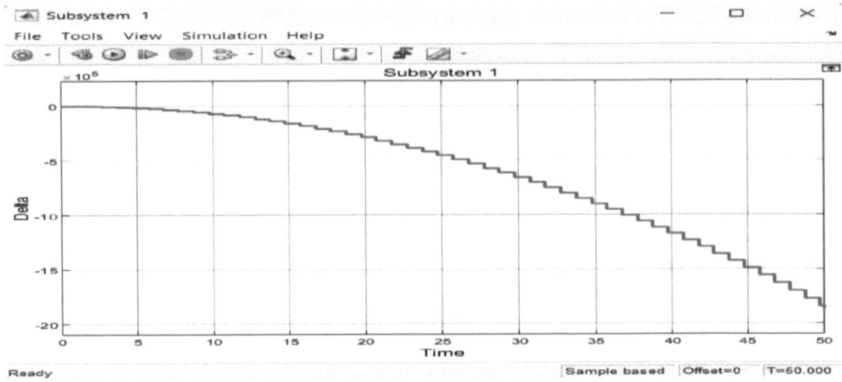

Fig-6.4 (a) (ii) Para o tempo de simulação, T = 10 seg

Para o tempo de simulação, T = 50 seg

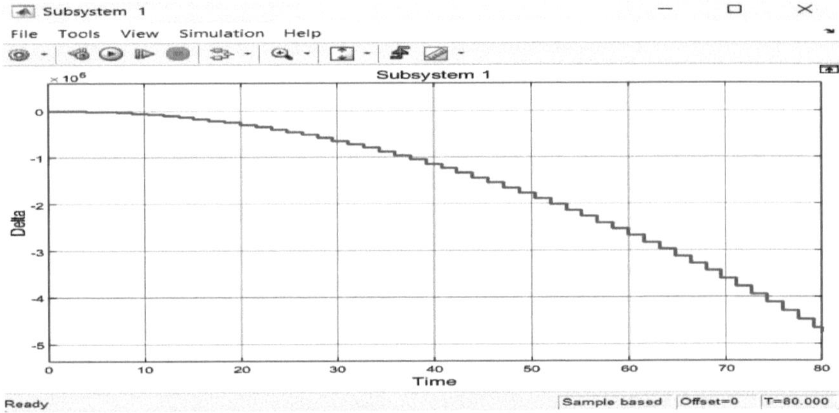

Fig-6.4 (a) (iii) Para o tempo de simulação, T = 80 seg

a)   Para o subsistema 2

Para o subsistema 2 do sistema Coherent Machine, o tempo de simulação de 10 segundos está concluído. Desta forma, estamos a simular 50 e 70 segundos.

Quando, Pm > Pe

Pm = 1,8 enquanto Pe = 0,8

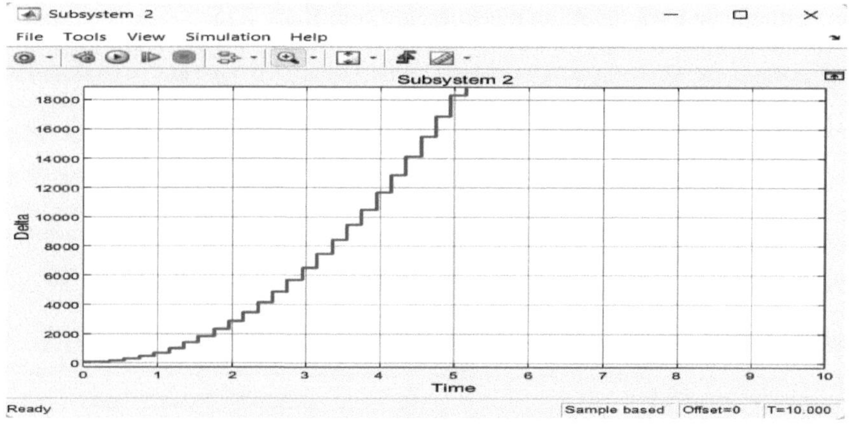

Fig-6.4 (b) Para o tempo de simulação, T = 10 seg

b) Para o subsistema 3

Para o subsistema 3 do sistema Coherent Machine, a simulação está concluída.

Quando, Pm = Pe

Pm = 1,0 enquanto Pe = 1,0

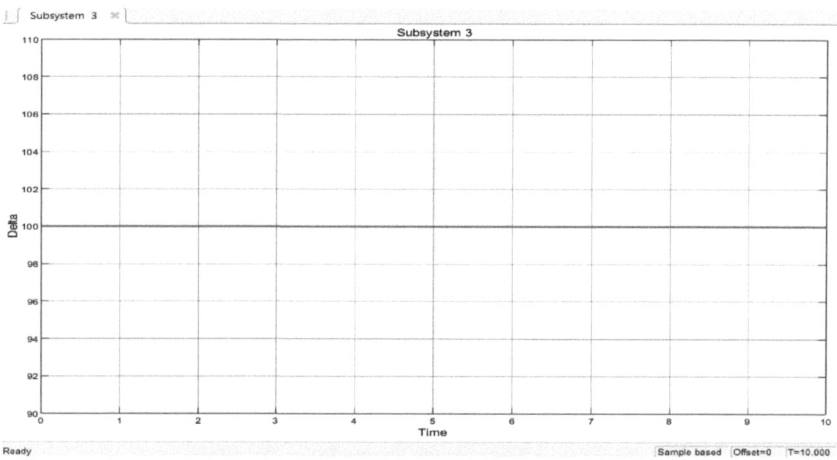

Fig-6.4 (c) Para o tempo de simulação, T = 10 seg

6.5 Simulação para máquina não coerente com $H_{eq} = 7,75$

As experiências numéricas para o sistema multi-máquinas de tipo não-coerente foram repetidas, a combinação para o ângulo delta da potência de saída foi novamente efectuada como indicado na fig-5(d) com diferentes valores de $H_{eq} = 7,75$. Alguns dos resultados obtidos a partir dos objectivos são apresentados a seguir. A estrutura da figura 5(d) permanece a mesma. Para além de H_{eq} , os outros valores dos parâmetros e variáveis são mantidos iguais aos das simulações anteriores. Alguns dos resultados são descritos de seguida.

Resultados do âmbito 3

Para o âmbito 3 na máquina coerente, o tempo de simulação de 10 segundos está concluído. Desta forma, estamos a simular 50 e 70 segundos respetivamente .

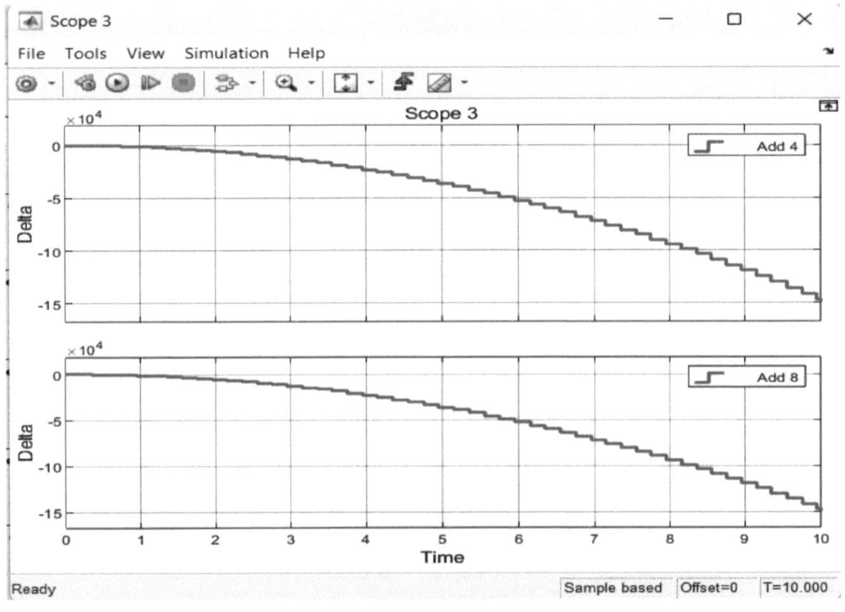

Fig-6.5 (a) (i) Para o tempo de simulação, T = 10 seg

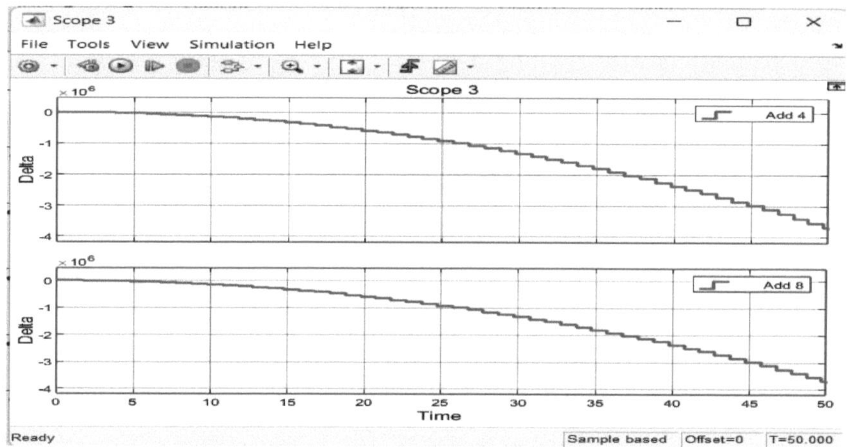

Fig-6.5 (a) (ii) Para o tempo de simulação, T = 50 seg

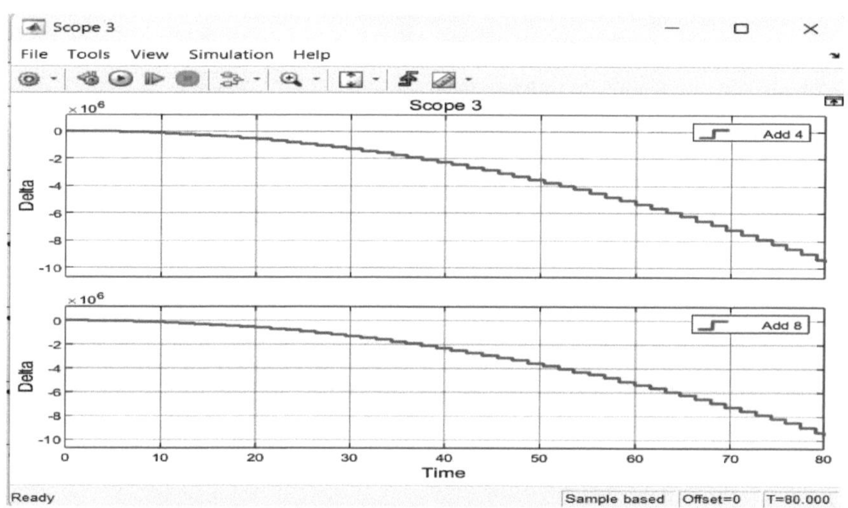

Fig-6.5 (a) (iii) Para o tempo de simulação, T = 80 seg

Resultados do âmbito 4

Para o âmbito 4 no sistema Coherent Machine, o tempo de simulação de 10 segundos está concluído. Desta forma, estamos a simular 50 e 70 segundos.

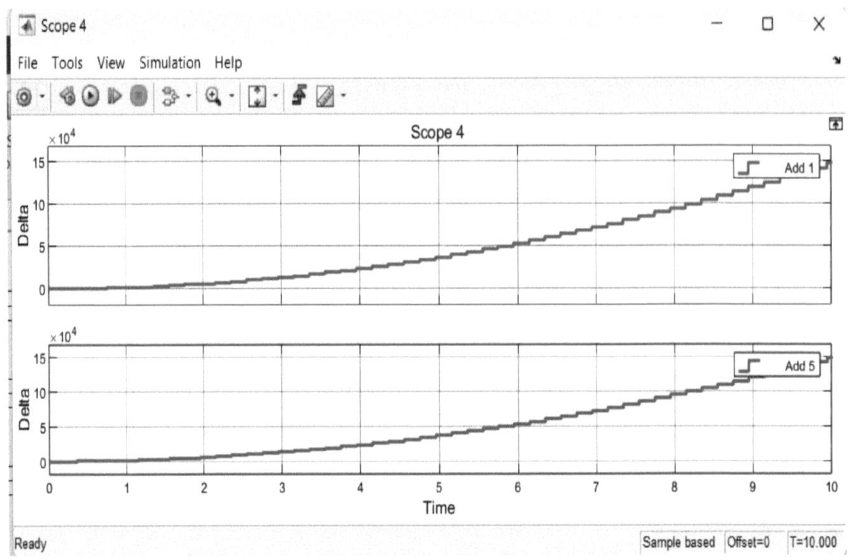

Fig-6.5 (b) (i) Para o tempo de simulação, T = 10 seg

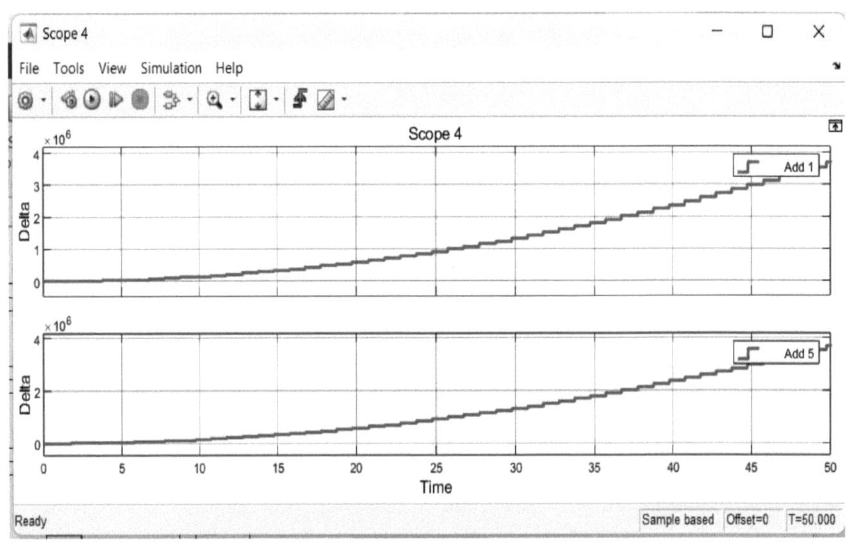

Fig-6.5 (b) (ii) Para o tempo de simulação, T = 50 seg

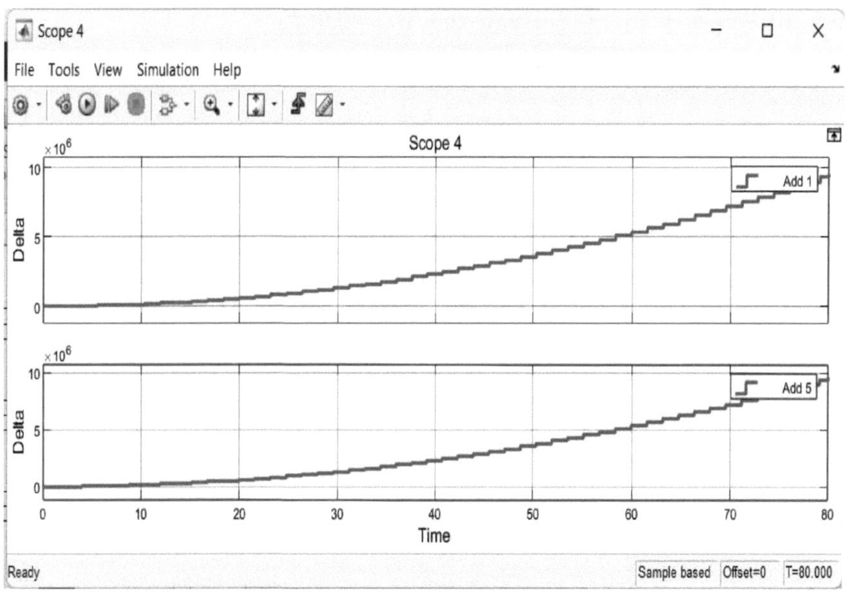

Fig-6.5 (b) (iii) Para o tempo de simulação, T = 80 seg

6.6 Sistema de máquina coerente com $H_{eq} = 0,064$ pu

a) Para o subsistema 1

Para o subsistema 1 do sistema Coherent Machine, o tempo de simulação de 10 segundos está concluído. Os tempos de simulação são mencionados juntamente com as curvas de oscilação de saída. O sistema converge para a estabilidade devido à presença da potência de retardamento.

Quando, Pm < Pe

Pm = 0,8 enquanto Pe = 1,8

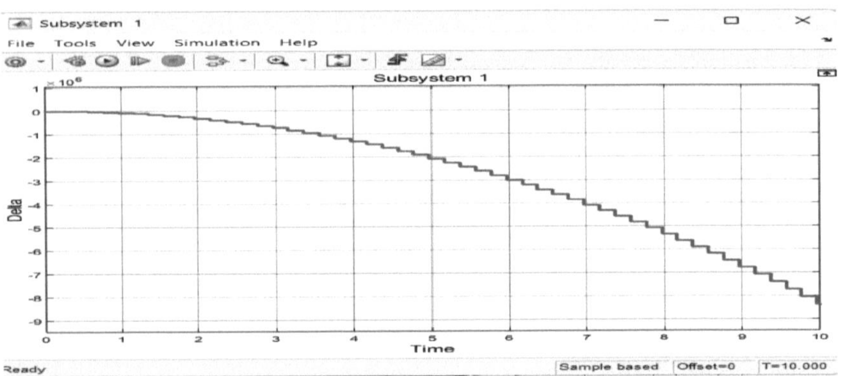

Fig-6.6 (a) (i) Para o tempo de simulação, T = 10 seg

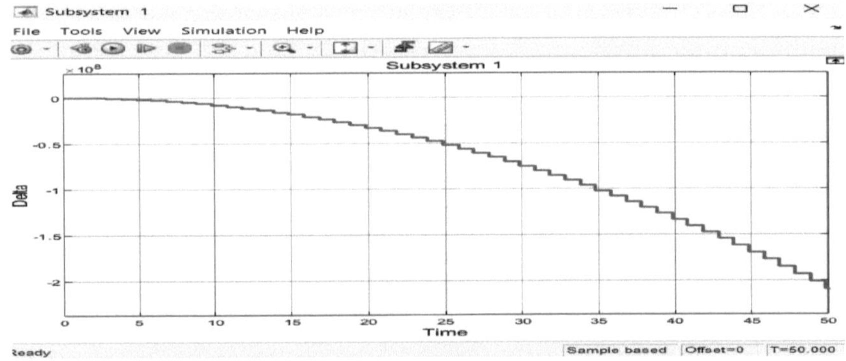

Fig-6.6 (a) (ii) Para o tempo de simulação, T = 50 seg

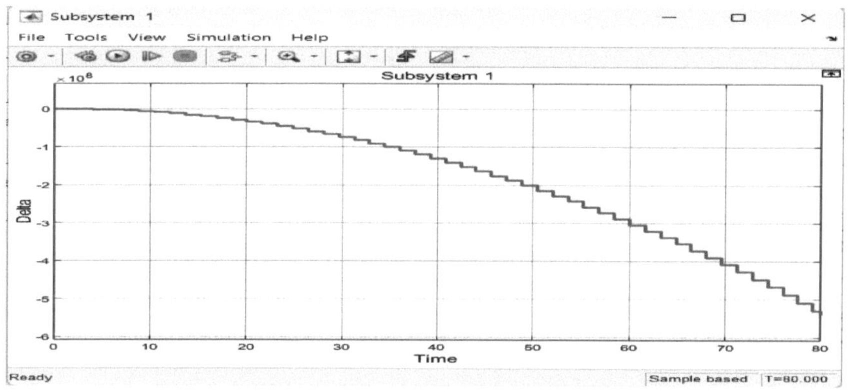

Fig-6.6 (a) (iii) Para o tempo de simulação, T = 80 seg

b) Para o subsistema 2

Para o subsistema 2 do sistema da Máquina Coerente, a simulação é efectuada durante 10, 50

e 80 segundos. O sistema diverge para a instabilidade devido à presença de potência de

aceleração.

Quando, Pm > Pe

Pm = 1,8 enquanto Pe = 0,8

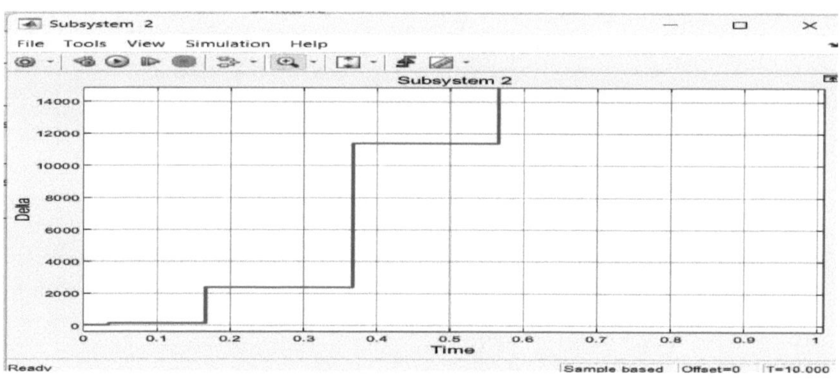

Fig-6.6 (b) Para o tempo de simulação, T = 10 seg

c) Para o subsistema 3

Do mesmo modo, para o subsistema 3 do sistema Coherent Machine, a simulação está

concluída.

Quando, Pm = Pe

Pm = 1,0 enquanto Pe = 1,0

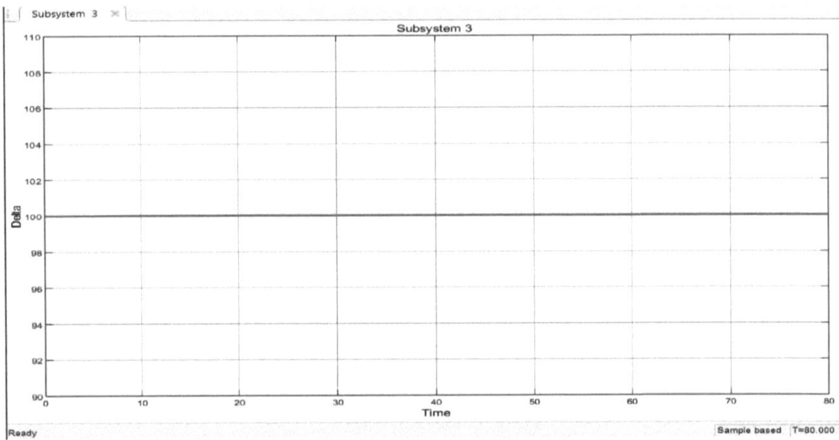

Fig-6.6 (c) Para o tempo de simulação, T = 10 seg

6.7 <u>Sistema de máquina não coerente com H_{eq} = 0,064 pu</u>

Saída do âmbito-3

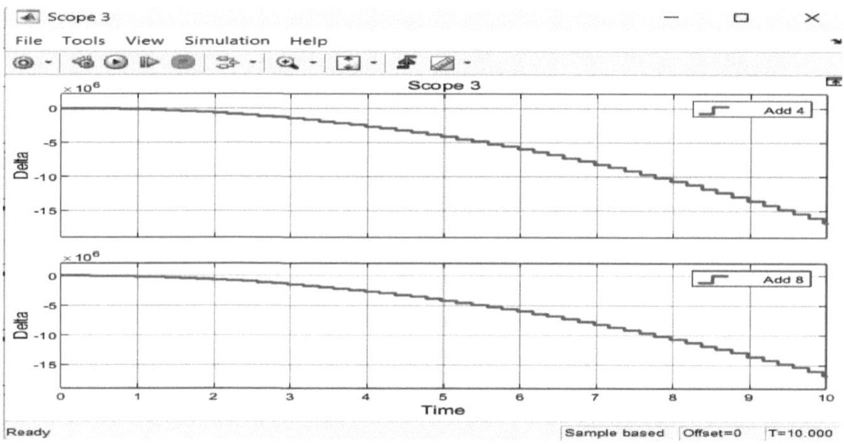

Fig-6.7 (a) (i) Para o tempo de simulação, T = 10 seg

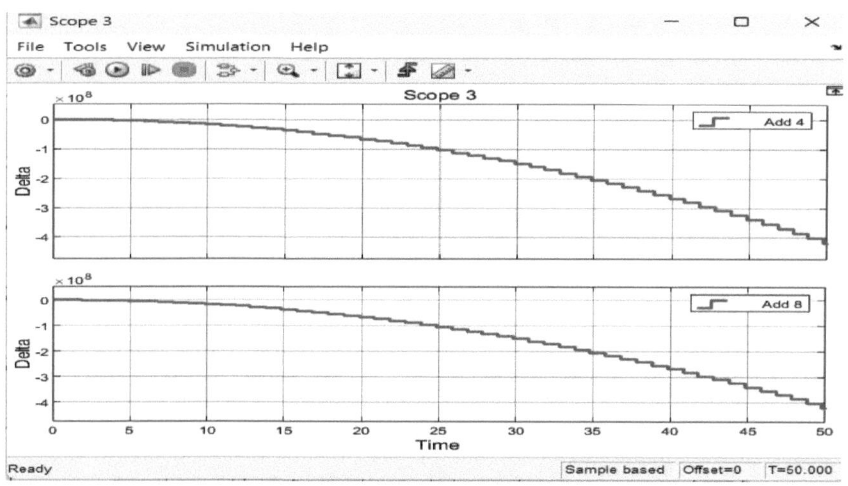

Fig-6.7 (a) (ii) Para o tempo de simulação, T = 50 seg

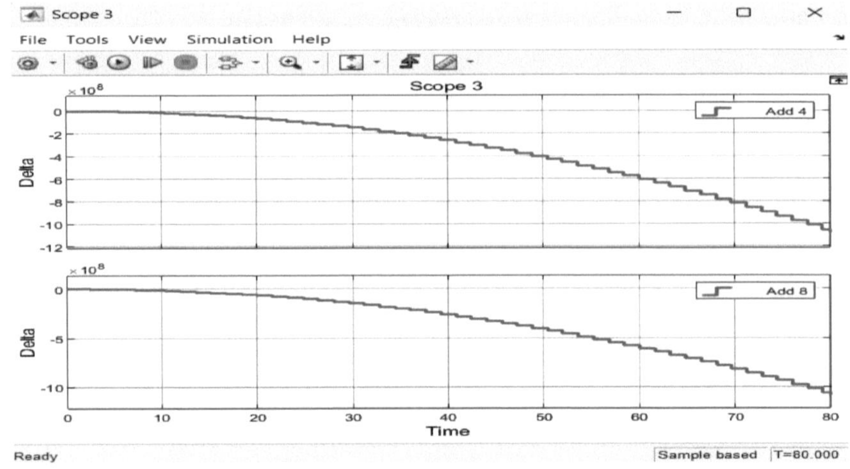

Fig-6.7 (a) (iii) Para o tempo de simulação, T = 80 seg

Resultados do âmbito 4

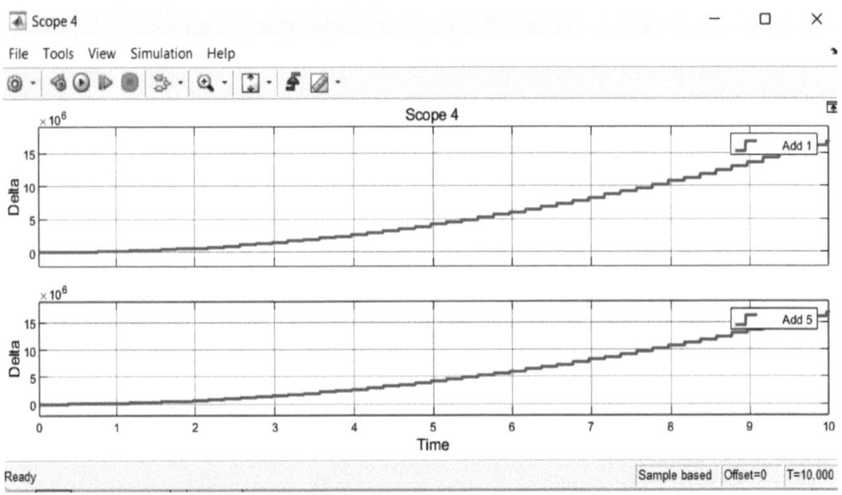

Fig-6.7 (b) (i) Para o tempo de simulação, T = 10 seg

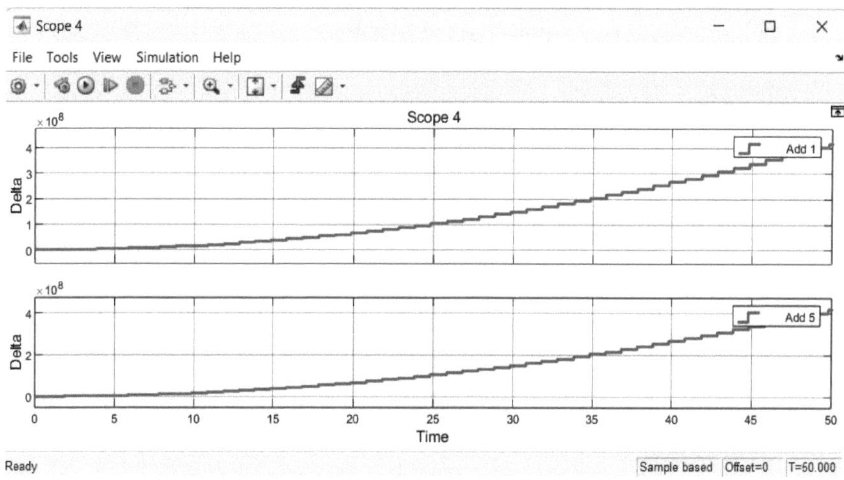

Fig-6.7 (a) (ii) Para o tempo de simulação, T = 50 seg

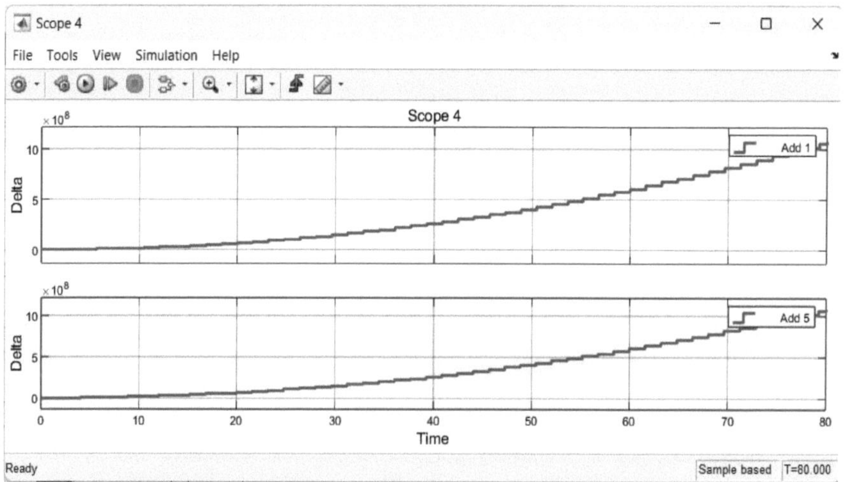

Fig-6.7 (a) (iii) Para o tempo de simulação, T = 80 seg

Neste estudo, é construído um modelo Simulink da equação de oscilação utilizando o

MATLAB para analisar a estabilidade dos sistemas eléctricos. Variámos os parâmetros do

sistema não linear e observámos a saída para diferentes parâmetros do sistema.

6.8 Bifurcação para a equação de oscilação

A bifurcação é um conceito cativante e fundamental que permeia múltiplas disciplinas científicas, desempenhando um papel fundamental na compreensão do comportamento dinâmico de diversos sistemas, desde modelos matemáticos abstractos a fenómenos do mundo real. Surge como consequência de mudanças qualitativas num sistema quando um ou mais dos seus parâmetros sofrem variações, levando a transições entre diferentes estados estáveis ou a alterações na estabilidade das suas soluções. No centro da análise de bifurcações está o estudo de sistemas dinâmicos, que englobam entidades que evoluem ao longo do tempo, regidas por equações matemáticas. Estes sistemas podem manifestar-se como contínuos, descritos por equações diferenciais, ou discretos, descritos por equações iterativas, apresentando um rico espetro de cenários para exploração. Quando os investigadores manipulam os parâmetros dos sistemas dinâmicos, encontram pontos de equilíbrio, que representam estados em que o sistema permanece inalterado ao longo do tempo.

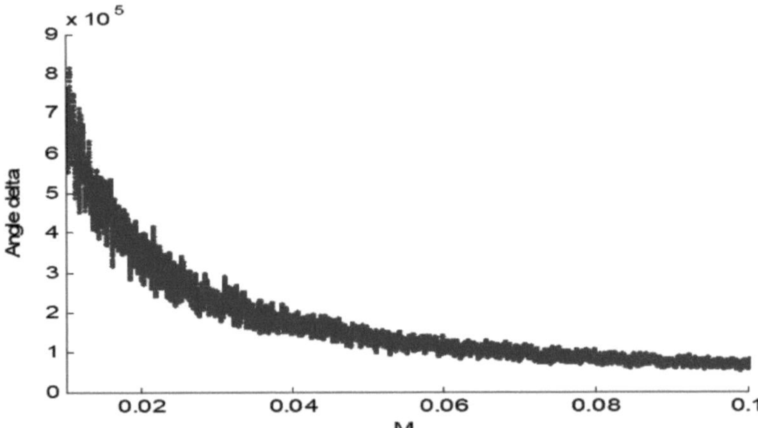

Fig.6.8 Bifurcação da equação de oscilação para diferentes valores de M

A análise de bifurcação deste estudo aprofunda a nossa compreensão do comportamento dinâmico do sistema e apoia a nossa análise da estabilidade do sistema elétrico. Podemos aprender mais sobre a forma como o sistema responde a alterações nos parâmetros localizando pontos de bifurcação e examinando as mudanças qualitativas no sistema. À medida que o parâmetro 'M' flutua, o diagrama de bifurcação derivado da análise numérica mostra claramente

o aparecimento de vários equilíbrios estáveis e instáveis. Este diagrama é uma ferramenta útil

para compreender e visualizar o comportamento do sistema em diferentes circunstâncias.

<u>CAPÍTULO - 7</u>
CONCLUSÃO E ÂMBITO FUTURO

7.1 Conclusão

A relação entre a aceleração rotacional e a potência de aceleração é fornecida pela equação de oscilação. Esta equação ajuda na estabilização do sistema e explica a dinâmica do rotor da máquina síncrona. Estudos sobre a estabilidade de sistemas de potência dependem muito da equação de oscilação. Entre as suas principais importâncias estão: Ajuda na análise de estabilidade transitória para verificar se os dispositivos síncronos podem manter o sincronismo após uma perturbação significativa. Se δ aumentar continuamente com o tempo, o sistema é instável. Se δ começar a diminuir depois de atingir um valor máximo, diz-se que o sistema permanecerá estável. Neste estudo, investigámos as interações complexas entre sistemas de energia instáveis e estáveis, com especial ênfase na estabilidade. Utilizando a equação de oscilação, calculámos os valores em relação ao delta e ao tempo discreto. Ao considerar factores como P_m , P_e , H, del, analisámos com êxito a estabilidade do sistema de energia[15,24,25,26].

7.2 Âmbito **futuro**

As conclusões apresentadas neste estudo fornecem uma base sólida para futuros esforços de investigação destinados a desvendar a intrincada ligação entre o caos e a estabilidade e fiabilidade do sistema de energia. Ao realizar mais investigações nesta área, podemos melhorar a nossa capacidade de antecipar e prevenir avarias nos sistemas eléctricos, reforçando, em última análise, a fiabilidade e a resiliência das redes eléctricas.

Podem ser utilizados diferentes tipos de metodologia para resolver a estabilidade do sistema elétrico. A análise da estabilidade também pode ser efectuada utilizando o método da entropia. Faremos um estudo aprofundado da análise da estabilidade do sistema. No futuro, estudaremos a bifurcação num sistema multimáquinas. A instabilidade também pode ser detectada através da técnica de análise de bifurcações. O diagrama de bifurcação pode ser desenhado em relação a diferentes parâmetros da equação de oscilação. Podem ser exploradas diferentes técnicas, como o método de Euler modificado e o método de Runge Kutta, para identificar o mais exato.

REFRÊNCIAS

1. Michael Fette e Ingo Winzenik, "Bifurcation analysis of Power System load characteristics, Mathematical and Computer Modelling of Dynamical Systems" vol 11 (4), pp 425-445, 2005.

2. Mohsen Ruzbehani, Luowei Zhou, Mingyu Wang, 2006, "Bifurcation diagram feature of a dc-dc converter under current-mode control. Chaos, Solitons & Fractals", vol 28, pp.205-212.

3. Fernando Mesa, German Correa, J. Barba-Ortega, "Hopf Bifurcation in the Study of synchronous Motor Stability, Ciencia en Desarrollo" vol 13 (1), 1-7, 2022.

4. Andre Arthur Perleberg, Lerm, Claudio A Canizares, Aguinaldo Silveirae Silva, "Multiparameter Bifurcation Analysis of south Brazilion Power System", IEEE Transactions on Power Systems vol 18 (2), 737-746, 2003.

5. Mario di Bernardo e chi k. Tse, "Chaos in Power Electronics: An Overview, Chaos in circuits and systems", pp 317-340, 2002.

6. Stijn Cole, Kailash Srivastava, Muhamad Reza e Ronnie Belmans, "New numerical techniques for bifurcation analysis of power systems with application to grid connected voltage source converter", European Transactions on Electrical Power" vol. 22 (5), 704-720, 2012.

7. Majdi M. Alomari, Mohammad S. Widyan, "Controlo de Bifurcação de Hopf da Ressonância Sub-síncrona Utilizando UPFC, Engenharia", Technology & Applied Science Research vol. 7 (3), 1588-1594, 2017.

8. M.S. Widyan & A.M. Harb, "ON the Effect of TCSC and TCSC-Controller Gain on Bifurcation of Sub synchronous Resonance in Power Systems", International Journal of Modelling and Simulation, vol 30 (2), 252-262, 2010.

9. Min Xiao, Guoping Jiang, Jinde Cao, Weixing Zheng, "Local Bifurcation Analysis of a Delayed Fractional-order Dynamic Model of Dual Congestion Control Algorithm", IEEE/CAA Journal of Automatica Sinica vol. 4 (2), 361-369, 2016.

10. Chin-Woo Tan, Matthew Varghese, Pravin Varaiya e Felix Wu, "Bifurcation and chaos in Power Systems", Sadhana vol.18, 761-786, 1993.

11. Majdi M. Alomari e Benedykt S. Rodanski, "Control of Hopf Bifurcation and Chaos as Applied to Multimachine System. Nonlinear science and complexity", 2011 pp. 37-48.

12. Ajjarapu, V. e Lee, B., " Bifurcation theory and its application to nonlinear dynamical phenomena in an electrical power system". IEEE Traiisticlions on Power Systems. Vol. 7. pp.424 431.

13. Budd. C.J. e Wilson, J.P-. 2002. Bogdanov.Takens, "Bifurcation points and Sil'nikov homoclinicity in a simple power system model of voltage collapse". IEEE Transactions on Circuits and Svstems , 2002, vol. 49, pp.575 -590.

14. Chiang. H.D.. Liu. C.W,. Varaiya. P.P . Wu. F.F. e Lauhy, M.G.. "Chaos in a simple power system". IEEE Transactions on Power Systems. 1993 vol 8. Pp. 1407- 1417.

15. Mithulaiianthan, N., Cafiizares, C.A., Reeve. J. e Rogers, G.J., 2003, "Comparison of PSS, SVC. And STATCOM controllers for dumping power system oscillations". IEEE Transactions on Power Systems.18, 786 792.

16. Perleberg Lerm, A.A., Cafiizares, C.A. e e Silva, A.S., "Multiparameter bifurcation analysis of the south

Brazilian power system.", IEEE Transactions on Power Systems, 2003, vol18, 737-746.

17. Seydel, R., "Practical Bifurcation and Stability Analysis: From Equilibrium to Chaos". Nova Iorque: Springe. Vol 5, 1994.

18. Srivastava, K.N. e Srivastava, S.C., 1998. Eliminação da bifurcação dinâmica e do caos em sistemas de energia utilizando dispositivos de factos. IEEE Transactions on Circuits and Systems I, 45, 72 - 78.

19. Seydel, R., 2001, Assessing voltage collapse. Edição especial sobre Controlo de Bifurcações: Methodologies and Applications, 31, pp 171-176.

20. Chan WCY, Tse CK. "Estudo da bifurcação em conversores DC/DC de impulso programado por corrente; da quase-periodicidade à duplicação do período." IEEE Trans Circuit Syst I 1997;44(12):1129-42.

21. Benadero L, Aroudi AEl, Oliver G, Toribo E, Gomez E. "Diagrama de bifurcação bidimensional. Padrão de fundo dos conversores CC-CC fundamentais com controlo PWM". Int J Bifurcation Chaos 2003;13(2):427-51.

22. Zhang H, Ma XK, Xue BL, Liu WZ. "Estudo de bifurcações intermitentes e caos em conversores boost PFC por modelos discretos não lineares". Chaos, Solitons & Fractals 2005; vol 23:431-44.

23. Cafagna D, Grassi G. "Experimental study of dynamic behaviors and routes to chaos in DC-DC boost converters." Chaos, Solitons & Fractals 2005;25(2):499-507.

24. Dai D, Ma Y, Tse CK, Ma X. "Existência de mapas em ferradura em conversores dc/dc buck-boost controlados por modo de corrente". Chaos, Solitons & Fractals 2005;25(3):549-56.

25. N. Fernandopulle e R. S. Ramshaw, "Analysis of synchronous motor stability using Hopf bifurcation",Electric Machines and Power Systems, vol. 19, no. 3, pp. 239-250, 1991.

26. J. Guckenheimer e P. Holmes, "Nonlinear Oscillations, Dynamical Systems, and Bifurcation of Vetor Fields".New York: Springer-Verlag, 198

27. W. D. Rosehart, & C. A. Cañizares. "Bifurcation analysis of various power system models", International Journal of Electrical Power & Energy Systems, vol. 21, no. 3, pp. 171-182, 1999.

28. A. Meesa e L. Chua, L. "The Hopf bifurcation theorem and its applications to nonlinear oscillations incircuits and systems", IEEE transactions on circuits and systems, vol. 26, no. 4, pp. 235-254, 1979.

Printed by Books on Demand GmbH, Norderstedt / Germany